Vorwort

Zwischen Blumenacker und Werkstatt

Ein Handbuch zum Nachschlagen und Inspirieren, zum Ermutigen und Bewegen, mit dessen Hilfe ihr Blumenprojekte leicht selbst verwirklichen könnt! Wir besprechen gesellschaftsrelevante Themen und warum es unbedingt nötig ist, eine Alternative zur konventionellen Blumenindustrie zu finden. Und natürlich findet ihr Vorschläge und Anleitungen für die Kultur wichtiger Zutaten – und zwar speziell für euer individuelles Projekt.

Ich begleite euch vom Anbau bis zum Verkauf. Denn ich liebe Blumen, und ihr liebt sie wahrscheinlich auch. Sie begleiten mich schon mein ganzes Leben lang, sei es als kindliche Leidenschaft beim Blumenpflücken auf der Wiese oder bei der verzweifelten Suche nach den ersten Blumen-Workshops – das war nämlich in den 1990er-Jahren nicht so leicht wie jetzt.

Heute bin ich seit fast 20 Jahren mit meinem Bioblumen-Projekt »Vom Hügel« selbstständig. Vom ersten Beet hinter dem Wohnhaus und kniehohen Kindern führte mein unternehmerischer Weg hin zu sieben Hektar Anbauflächen im Freiland, dem Glashaus für Workshops und Seminare, einem Shop in der Stadt und 15 Mitarbeiter:innen und vielen vielen Blumen jeden Tag.

Viele Menschen habe ich in dieser Zeit bequatscht, begleitet und vielleicht auch inspiriert, ihren eigenen »Blumenweg« zu gehen. Dieses Buch ist nun eine Zusammenschau. Ein Handbuch, das euch euren individuellen Weg erleichtern kann. Das Mut macht, den eigenen blumigen Leidenschaften zu folgen.

Nun seid ihr eingeladen, eure Projekte zu starten, Berufe zu erfinden, gern querfeldein und trotzdem mit allem, was schon da ist und war, Kinderträume oder Berufsausbildungen …

»Seid vielfältig und verschränkt, individuell und speziell und auch gern unbequem!«

Eigene Bio-Schnittblumen zu kultivieren, versetzt in die Lage, die ökologischen und sozialen Probleme, die die herkömmliche Blumenindustrie mit sich bringt, zu vermeiden. Tausende Flugkilometer, Mengen an chemischen Pestiziden, Fungiziden und Düngemitteln und schlechte Arbeitsbedingungen sind problematisch. Blumen sollten keine Industrieprodukte sein, weltweit gehandelt, aussortiert und überzüchtet, vergiftet und respektlos verfrachtet und verarbeitet.

Wir haben es selbst in der Hand!

Margrit De Colle
vomhuegel.at

I

Natur und Kultur – Warum lieben wir Blumen so sehr?

Ich wollte das kindliche Gefühl von damals wieder spüren. Unbeschwert auf der Blumenwiese auf Augenhöhe mit den schönsten Blüten – auswählen, pflücken und stolz einen ganzen Arm voll, ein Stück Natur nach Hause tragen. Das kindlich überwältigende Gefühl der Freude, mitten in den Blumen zu stehen, habe ich jetzt wiedergefunden, wenn ich bei Sonnenaufgang bis zu den Schultern im Dahlienacker stehen und staunen kann.

1 ◂

2 ▲

3 ▲

1 ▸ Arrangements mit Blumen berühren unsere Herzen bei vielen Anlässen und Festen.

2 ▸ Alles Grüne und Blühende wirkt ermunternd und belebend.

3 ▸ Ganz besonders die ersten Frühlingsblüten geben uns Hoffnung.

Blumen sind kein Material, sie sind keine Zutat wie jede andere. Blumen wirken direkt, sie fordern uns, wollen berührt werden und wollen berühren. Ihr Zauber ist unsere Chance, in der Werkstatt dieses Unmittelbare einzufangen, herauszuarbeiten, zu betonen und respektvoll gestalterisch umzusetzen. Und das gelingt am besten im direkten Zugriff, wenn man Blumen beim Spazierengehen sammelt, selber anbaut, das in der Natur Erfahrene und das Gefühlte mit in die Werkstatt nimmt.

Ich bin überzeugt und lebe leidenschaftlich dafür: Blumen verdienen unseren Respekt! Im Anbau genauso wie in der Gestaltung soll es gelingen, anderen Menschen diese Ansicht näherzubringen. Unsere Mitmenschen sollen merken, dass jedes fertige Werkstück die ganze Geschichte enthält: zwischen Blumenacker und Werkstatt – *farm to table*.

In fast allen Kulturen und zu allen Zeiten spielten Blumen, Blumenschmuck und die Gestaltung mit Blüten und Zweigen eine wichtige Rolle; im Zuge religiöser und ritueller Handlungen oder bei wichtigen Ereignissen, Anlässen und Festen. Auch heute gehören der Umgang mit Blumen, das Kultivieren und Ernten, das Schneiden und Binden wie die Töpferei, die Zimmerei und das Weben zu den ältesten Handwerken der Menschheit. Wir begegnen Pflanzen, Blüten, Zweigen, Früchten überall in Kunst und Brauchtum, in Texten, Liedern und Gebeten.

Blumen und Pflanzen werden als schön empfunden, sie berühren uns, unabhängig von ihrem Nutzen als Lebensmittel. Alles Blühende und Grüne wirkt auf unsere Seele ermunternd und belebend. Kein anderer Schmuck, und mag er noch so laut und effektvoll sein, berührt unsere Herzen mehr als Blumenschmuck.

1◂

2▾

1 ▸ Gestaltungen aus Blüten und Zweigen, besonders Kränze, begleiten die menschliche Kulturgeschichte.

2 ▸ Farbe und Form, Bewegung und Vielfalt

Seit Anbeginn ist der Mensch mit der Natur verbunden, die lange kulturgeschichtliche Entwicklung der Beziehung zwischen Menschen und ihren Gärten zeugt davon. Blumen und Pflanzen und die sich daraus entwickelnden Gestaltungen symbolisieren reine Lebenskraft. Die Wirkung des Formen- und Farbenreichtums der Pflanzenwelt auf unsere Seele ist unbestreitbar.

Jahreszeiten

Hüfthoch in der Wiese stehen und einen Strauß Gräser und Wiesenblumen pflücken oder die ersten Schneeglöckchen im Garten entdecken, das berührt. Alles unterliegt den Jahreszeiten, dem gesamten Kreislauf der Natur, dem Werden, Wachsen, Reifen und Vergehen.

Wir Menschen sind heute immer mehr verleitet, dem Jahreslauf, dem natürlichen Kreislauf der Natur zu entkommen, und es gelingt uns schon sehr gut. Wir machen die Nacht zum Tag, genießen Erdbeeren zu Weihnachten und freuen uns über herbstliche Chrysanthemen im Frühling. Wir leben in klimatisierten Räumen, fahren klimakontrollierte Autos und begeben uns eher selten zu Fuß in die freie Natur. Wir müssen keine Temperaturunterschiede und keine Jahreszeiten mehr wahrnehmen, wenn wir im Winter wegfliegen.

Das Gefühl für das Jahreszeitliche ist der konventionellen Blumenindustrie komplett verloren gegangen. Durch internationale Handelsbeziehungen sind Schnittblumen das ganze Jahr über aus allen Kontinenten, aus unterschiedlichsten Klimazonen und Wetterbedingungen verfügbar. In unseren Regionen in Mitteleuropa werden Blumen kaum noch im Freiland kultiviert. Vielmehr werden sie, wenn überhaupt, in Glashäusern produziert, wo sie keine Sonne und keinen Regen kennenlernen, am Leben erhalten und zur Blüte gebracht mithilfe von Nährstofflösungen in strengen künstlichen Tag- und Nachtrhythmen.

So schöpft man vermeintlich aus dem vollen Sortiment der Natur zu jeder Zeit. Dabei geht Entscheidendes verloren: Es wird vergessen, dass sich seit Urzeiten das physikalische Leben und die psychologische Ebene darauf eingestellt haben, im Wechsel der Jahreszeiten zu leben. Das ist ein grundsätzliches Faktum, das nur kurz ignoriert werden darf.

Es tut gut, am Puls der Natur zu lauschen, sich die ersten Schneeflocken des Winters vom kalten Wind ins Gesicht blasen zu lassen, bezaubert durch eine bunte Wiese, durch einen bunten Wald zu streifen oder im warmen Sommergras zu liegen.

1 ◂

2 ◂

1 ▸ Frühling, Sommer, Herbst und Winter – der Wechsel der Jahreszeiten inspiriert uns.

2 ▸ Im Frühling feiern wir die Wiederkehr, ...

3 ▸ ... können aber auch Vergänglichkeit gut annehmen.

Wir lassen uns von den Jahreszeiten bestimmen: in der Arbeit auf dem Blumenacker, beim Sammeln auf der Wiese und im Wald, bei der Arbeit in der Werkstatt.

Wie wunderbar, dass wir in einem Teil der Welt leben, der ausgeprägte Jahreszeiten besitzt. Der Wechsel der Natur ist keine Einschränkung, auch nicht in den Wintermonaten. Er ist eine ständige Inspirationsquelle für uns. Voller Vertrauen starten wir in den Tag, dass es draußen immer genug Zutaten zu finden gibt. Und wenn es manchmal schwierig wird, gibt es eine neue Herausforderung und Aufgabe, eine Ergänzung für die nächste Saison, um das Sortiment zu erweitern.

Der Jahreslauf hat etwas Tröstliches. War für ein Werkstück zu wenig Zeit, haben gewisse Kulturen nicht den versprochenen Ertrag gebracht, hat eine wichtige Zutat im Ensemble gefehlt: nächstes Jahr neue Chance. Jedes Jahr bringt neue Möglichkeiten, Risiken und Freuden, nie funktioniert alles, oft werden wir überrascht, manchmal enttäuscht, aber immer wird man erfüllt mit Freude über die Schätze der Natur. Jeder Tag bringt neue Entdeckungen, wenn man nur genau hinschaut. Farbige Rinden, die ersten Schneerosen und bald schon freche Narzissen. Jeder Monat bringt neue Lieblinge hervor.

Vergänglichkeit

Die vergängliche Natur der Blumen verstärkt ihren Zauber noch zusätzlich. Sie erinnern daran, dass auch der Mensch Teil der Natur ist. Leben bewegt sich im ewigen Kreislauf, im Werden und Vergehen, im Wachsen und Verwelken. Alle Kulturen kennen Geburt und Tod, Freude und Trauer als Gleichnisse der göttlichen Weltordnung.

Die Natur der Blume ist Veränderung, Vergänglichkeit. Die Blüte erscheint, begeistert und vergeht. Sie blüht nur für den Zweck der eigenen Fortpflanzung. Ist dieser erfüllt, vergeht sie. Die einzelne Blüte existiert oft nur einige Stunden, vielleicht mehrere Tage.

3 ▾

Mit Vergänglichkeit, die zum Makel wird, will sich kaum jemand auseinandersetzen. Aber nichts in der Natur ist für die Ewigkeit gedacht, alles unterliegt einem immer wiederkehrenden Kreislauf beziehungsweise einer fortschreitenden Evolution. Im Augenblick müssen wir die wahre Schönheit entdecken. Nichts ist vollendet, nichts dauert an.

Diese Beziehung zwischen Natur und Kultur, zwischen Mensch und Pflanze ist eine grundlegende Beziehung. Auch reicht die Verbindung in unser innerstes und eigenes Wesen. Wir dürfen diese nicht völlig ignorieren oder verlieren.

Wir selbst sind Natur. Diese Beziehung ist gegeben und darf nicht getrennt werden.

Frische Blumen vom Feld duften und berühren unsere Herzen. Es bereitet Freude, mit Blüten und Zweigen zu arbeiten, sie zu kultivieren, sie um sich zu haben, sie weiter zu gestalten und vielleicht noch die eine oder andere Eigenschaft herauszuarbeiten, hautnah am Puls der Natur und der Jahreszeit.

1 ▴

2 ▴

1 ▸ Diese farbenfrohen Lupinen warten darauf, sich auf den kurzen Transportweg vom Acker in die Werkstatt zu machen.

2 ▸ Auch lokal angebaute Blumen können eine große Vielfalt aufweisen.

3 ▸ Muss immer alles verfügbar sein? Oder reicht es, das zu ernten, was auf unseren Böden wächst und gedeiht?

Regional – und alles ist gut?

Der Großteil der gehandelten Schnittblumen in unseren Blumengeschäften, Bau- und Supermärkten wird importiert und nicht mehr im eigenen Land kultiviert. Wie beim Essen gilt auch hier, je weiter weg von den Konsument:innen das Produkt hergestellt wird, desto weniger nachhaltig ist es. Je höher die Anzahl der »Blumen-Kilometer«, umso mehr Energie, natürliche Ressourcen und Chemikalien sind nötig, um zu überleben, zuerst die Reise selbst. Und gleichzeitig, je weiter die Sorten von ihrer natürlichen Saison und aus ihrem ursprünglichen Lebensraum entfernt werden, umso kostspieligere Techniken müssen verwendet werden, um sie zum Blühen zu bringen.

Regionalität liegt als Entscheidungsgrund beim Einkauf deutlich vor Bio, Nachhaltigkeit und *Fair Trade*. Regionalität als neues Allheilmittel wird besonders bei landwirtschaftlichen Erzeugnissen mit Frische, Saisonalität und Nachhaltigkeit verknüpft. Das ist aber ein gefährlicher Weg. Denn nur regional allein hilft nicht! Wie bereits zu Beginn erwähnt, ist die Sache viel komplexer.

Vertrauen und Transparenz sind immer die wichtigen Kriterien beim Einkauf. Kaufen wir direkt bei den Produzierenden ein, ab Hof oder am Wochenmarkt, entsteht ein persönlicher Kontakt. Kurze Transportwege, Sicherung von Arbeitsplätzen in der Region, Erhalt der regionalen Artenvielfalt, dies alles spricht für den Blumenkauf entsprechend der Saison aus dem heimischen Freiland, bei *Slowflower*-Produzenten und natürlich den vielen Bioblumen-Landwirtschaften.

Fairness – wer sind die Menschen hinter den Kulissen?

Ökologische Aspekte allein zu betrachten ist zu wenig, wir übernehmen auch eine soziale Verantwortung.

Die Geschichte des Blumenschmucks ist von Anbeginn mit der Gartenkultur verbunden. Es waren in erster Linie die Menschen, die beruflich Gärten bestellten, die für die Verwendung und Verarbeitung der Blumen zuständig waren. Sie hatten für herrschaftliche Gärten draußen und für Blumen zur Ausschmückung der Tempel und Feste zu sorgen.

Wie schaut das heute aus? Gärtnerei und Floristik haben nicht mehr viel miteinander zu tun. Die Trennung zwischen Anbau und Verarbeitung führt unweigerlich zur Entfremdung.

International zählen Kenia, Äthiopien, Kolumbien und Ecuador zu den wichtigsten Blumenproduzenten für den europäischen Markt außerhalb der Europäischen Union. Die Verlagerung der Blumenproduktion in Entwicklungsländer liegt nicht nur daran, dass dort das Klima für die Pflanzen günstiger ist als in Europa. Dort sind auch die Löhne niedriger, die Auflagen für den Umweltschutz geringer und die Einhaltung der Rechte der Arbeiter:innen werden kaum kontrolliert. Die Folgen, sozialrechtlich und in Bezug auf die Umwelt, sind bekannt.

3 ▾

Blumenarbeiter:innen arbeiten für Hungerlöhne. Häufig müssen sie unbezahlt Überstunden leisten. Sie riskieren ihre Entlassung, wenn sie sich gewerkschaftlich organisieren. Sie sind hochgiftigen Pestiziden ausgesetzt, es gibt in der Europäischen Union keine Grenzwerte für Pestizidrückstände auf Blumen. Die industrielle Blumenproduktion trägt in großem Ausmaß zur Umweltverschmutzung in den entsprechenden Ländern bei. Pestizidverseuchte Abwässer werden ungeklärt in Böden und Seen abgelassen. Die Schnittblumenproduktion benötigt enorm viel Wasser, Umweltschäden sind die Folge.

Aber Achtung: Die Bezeichnung europäisch ist kein Gütesiegel für eine menschenwürdige und umweltverträgliche Schnittblumenproduktion. Flexible und schlecht bezahlte Arbeitsverhältnisse stehen auch in europäischen Gärtnereien auf der Tagesordnung. Bei der Klimabilanz schneidet die Produktion in Entwicklungsländern besser ab als die Aufzucht in beheizten Gewächshäusern in Europa. Letztere stößt mehr klimaschädliches CO_2 aus als die Produktion in Kenia oder Ecuador inklusive des Transports per Flugzeug nach Europa.

Studien zeigen, dass die chemische Belastung der Schnittblumen, zum Beispiel durch Pestizide, in unseren Landen mindestens gleich hoch ist wie in vergleichbaren internationalen Produzentenländern.

Slowflowers versus Blumenindustrie – es gibt keine Lösung ohne Problem!

Als Gegenstück zur herkömmlichen weltweiten Blumenindustrie prägte Amy Stewart den Begriff *Slow Flower Movement* und schreibt über die neu erwachte Freude an natürlichen Blumen. Was beim Essen und in der Gastronomie schon zur Selbstverständlichkeit gehört, saisonal, regional und möglichst nachhaltig produzierte Nahrungsmittel, also *Slow Food*, zu kaufen und zu verarbeiten, sollte auch im dekorativen Bereich selbstverständlich werden. Heute gibt es diese Bewegung rund um den Globus. Und seit 2019 auch im deutschsprachigen Raum.

Immer mehr Menschen wünschen sich jahreszeitliche Schönheiten. Kornblumen vom Feld, Rosen, die duften, im Mai und Juni, prächtige Dahlien im Herbst und blühende Zweige im Frühling. Viele wünschen sich Blüten, die Gefühle wecken, mit ihrem Duft und ihrem Farbspiel verführen, die Geschichten erzählen und darüber hinaus fair produziert und regional vermarktet werden.

»Es geht um Wertschätzung und Respekt!«

Saisonal, regional, biologisch und fair kultivierte Blumen dürfen nicht länger ein Nischenprodukt bleiben, sondern müssen eine absolute Selbstverständlichkeit werden. Denn Blumen sind Lebensmittel. Sie sind es nicht unbedingt als Nahrung, doch fürs Herz. Der Duft, die unendliche Vielfalt an Farben und Formen, ihre unbändige Kraft geht auf uns über.

Wo liegt nun das Problem? Der aktuelle gesellschaftliche, ökologische und wirtschaftliche Umgang mit Blumen im konventionellen Anbau, im weltweiten Handel und der weiteren »Verarbeitung«, schaut ganz anders aus: Schnittblumen werden Tausende Kilometer geflogen. Diese Industrieblumen wachsen nicht in der Erde, sehen keine Sonne, wurden niemals von Bienen besucht. Sie sind ständig verfügbar, die gleichen Sorten sind das ganze Jahr hindurch erhältlich. Und durch die globale Arbeitsteilung weiß keiner

1 ▴

2 ▴

was vom anderen. Menschen sollten sich aber damit auseinandersetzen, wie ihre Blumen wachsen, woher sie stammen und wer sie unter welchen Bedingungen kultiviert. Sonst geht der Zauber verloren. Blumen berühren uns nicht mehr. Im Gegenteil, sie vergiften uns und die Welt!

Ich schreibe dieses Buch aus Leidenschaft zu Blumen, zu ihrer natürlichen Schönheit und ihrer Eigenart. Noch immer fühle ich mich ein bisschen als eine Art Blumenbefreierin – frei von industriellen Fesseln, Fabriksgeländen, Nährstofflösungen und ständig gleichen Arbeitsabläufen. Ich plädiere für Emotion und Wildheit, nachhaltigem Anbau, Wahrhaftigkeit und Freiheit.

Mit Zutaten aus der Natur Verbindung herstellen, so könnte ein Auftrag lauten. Ökologische Verantwortung geht Hand in Hand mit sozialer Verantwortung. Wir schauen aufs Ganze und bauen eine Brücke zwischen Produzent:innen (Gärtner:innen), Designer:innen (Florist:innen) und Konsument:innen. Wir kultivieren, gestalten und handeln nicht länger getrennt und anonym.

1 ▸ Wir wünschen uns Narzissen im Frühling und nicht zu Weihnachten.

2 ▸ Celosien begeistern uns im Sommer.

Aber warum jetzt Bioblumen?

Sind nicht eh alle Blumen Bioblumen? Und wieso überhaupt Blumen in Bioqualität? Die isst man ja nicht?! Viele Menschen verstehen, warum man Lebensmittel biologisch produziert, aber wie schaut das mit Blumen aus? Wachsen nicht alle Blumen von Natur aus natürlich und deshalb biologisch? Blumen werden in der Regel auch nicht gegessen, also was macht es dann aus, wenn sie mit Chemikalien behandelt werden?

Chemikalien werden nicht nur im Anbau massiv verwendet. Auch nach dem Schnitt gibt es Sorten und Arten von Blumen, die in Fungiziden gebadet werden, um den Transport unbeschadet, kosmetisch perfekt und nicht pilzverschimmelt zu überstehen. Mittlerweile gibt es sehr viele Studien dazu und auch in der Öffentlichkeit wird darüber gesprochen – zumindest in den Medien zu Valentinstag und Muttertag.

Aber ich persönlich glaube nicht, dass den Menschen klar ist, wie gefährlich die Situation ist.

Es wäre fahrlässig, nicht darüber zu sprechen. Schweigen ist nicht länger möglich! Hier ein paar konkrete Forschungsergebnisse, die ein bisschen wachrütteln:

Das International Journal of Environmental Research and Public Health untersucht in einem Artikel von 2016 die Belas-
1 ◂ tung von Rosen[1].

Untersucht wurden Sträuße aus den sieben größten Städten Belgiens und fünf aus diversen Supermärkten des übrigen Landes. Auf 50 von insgesamt 90 Proben wurden 97 verschiedene aktive Substanzen gefunden, etwa 14 pro Strauß, die meisten waren Fungizide.

Als Konsequenz sahen die Forscher, dass insbesondere Florist:innen, die jeden Tag mit den vergifteten Blumen arbeiten, gefährdet sind. Es wird vor einem besonders hohen Risiko gewarnt für Arbeiten beim Ernten, Schneiden, Sortieren, Bündeln und Gestalten.

Jeder Blütenstiel wurde in einem sogenannten *Grow Cycle* mehrmals mit diversen Herbiziden und Pestiziden besprüht und mitunter noch in Fungizid getaucht. Es gibt im internationalen Anbau und auch im Handel noch immer keine Grenzwerte für die Restbelastungen!

»Es ist höchste Zeit für Veränderung. Wer Blumen liebt, muss sich für sie einsetzen.«

Ausnahmslos alle Proben, egal woher sie kamen, waren kontaminiert. 40 Prozent der untersuchten Rosen kamen aus EU-Ländern, 60 Prozent aus den Hauptimportländern in Afrika und Lateinamerika. Aber der absolute Höchstwert wurde auf Rosen aus Deutschland gefunden!

Die Werte der verbliebenen schädlichen Chemikalien waren tausendmal höher als die in der EU zulässigen Grenzwerte für Nahrungsmittel (EU MRL = Maximum Residue Levels).

40 Prozent aller Proben waren kontaminiert mit Pestiziden aus der Gruppe »very toxic« – sehr giftig! 72 Prozent fielen unter die Chemikalien, die giftig sind, wenn sie verschluckt werden, 92 Prozent waren solche, die als »schädlich, wenn verschluckt« bezeichnet werden. 76 Prozent waren schädlich bei Hautkontakt.

Waltraud Novak von GLOBAL 2000 fasst das Problem in einer Studie aus dem Jahr 2024[2] wie folgt zusammen: »In unserem Test fanden wir keinen einzigen Blumenstrauß, der nicht mit Pestiziden belastet war. 32 verschiedene Pestizide auf einem Blumenstrauß – wer möchte so etwas der Mutter schenken. Die gefundenen Wirkstoffe bergen zum Teil ernsthafte Gesundheitsrisiken. Krebserregend, fortpflanzungsschädigend oder den Hormonhaushalt störend sind nur einige der möglichen Auswirkungen.«

Bei einer Studie von 1999 in Italien wurden bei 60 Prozent der langzeitarbeitenden Menschen in der Blumenindustrie (im Anbau) ein Frühstadium von Krebs festgestellt.

Weltweit weisen 71 Prozent der Landwirt:innen und Gärtner:innen in der Blumenindustrie Genschäden auf.[3]

Auswirkungen der chemischen Belastung wurden auch bei Arbeiten wie beim Einpacken, Sortieren und Bündeln und Gestalten festgestellt. Die Auswirkung ist also nicht nur auf die Arbeit im Anbau beschränkt. Studien sprechen von 220 000 Toten jedes Jahr weltweit und insgesamt mehr als 3 Millionen vergifteten Menschen als unmittelbare Auswirkungen der chemischen Belastung in der Blumenindustrie.

Wichtig ist, dass es bis heute keine Regulierungen, keine Grenzwerte und Gesundheitsempfehlungen beziehungsweise Gefahrenhinweise gibt, wie gefährlich und gesundheitsschädigend das Hantieren für Anbauende und Florist:innen ist. Und natürlich auch für Kund:innen. Und schlussendlich betreffen Grundwasser, Boden und Luft uns alle.

Studien und Datensammlungen sind bereits zuhauf verfügbar, aber ein Handeln bleibt aus. Eine Gefährdung wird nicht mitgeteilt!

2 ▲

3 ▼

4 ▼

1 ▸ Lupinen mit ihren üppigen Blüten sind eine besondere Attraktion.

2 ▸ Keine Festtafel kommt ohne Pflanzen aus.

3 ▸ Wir schenken Blumen aus Freude.

4 ▸ Blüten-Schönheiten sollen erfreuen und nicht vergiften.

1 ▴

2 ▴

3 ◂

1 ▸ Wie viel interessanter ist ein Mistelzweig als ein Rosenstrauß?

2 ▸ Das ehemalige Zuhause vieler Sonnenblumenkerne weckt Erinnerungen an den Sommer.

3 ▸ Die wunderbaren Dahlien gibt es nur im Sommer – aber dann knackfrisch vom Feld.

4 ▸ Im Herbst bereichern Chilis und Chrysanthemen Kränze und Sträuße.

4 ▴

Wie könnte eine Lösung aussehen?

Eigenes Engagement ist gefragt. Seid leidenschaftlich und hartnäckig, fragt nach, informiert euch, seid lästig!

Scheut euch nicht zu diskutieren, und am besten setzt ihr erste Schritte, seid mutig und macht euer Ding!

Viele wünschen sich Blüten, die Gefühle wecken, mit ihrem Duft und ihrem Farbspiel verführen, die Geschichten erzählen und darüber hinaus fair produziert und regional vermarktet werden. Auch wenn man nicht alles selbst kultivieren kann, hinterfragen kritische Konsument:innen Arbeitsbedingungen und Transportwege, kaufen bewusster und wählen aus und verändern damit ein bisschen die Welt.

Biologisches Wirtschaften schützt die Umwelt und die Gesundheit der Mitarbeiter:innen und die ihrer Familien. Niemand möchte in einem giftigen Feld seine Sonnenuntergänge genießen. Ein bisschen Wildnis schadet uns nicht. Im Gegenteil, so manche Entdeckung machte ich schon abseits der kultivierten Streifen.

Die Natur beobachten, im Einklang mit ihr leben und flexibel auf Veränderungen reagieren. Biolandwirtschaft ist die Kulturführung der Zukunft, denn nur, wer die Bedürfnisse der Natur respektiert, kann langfristig und nachhaltig von ihr profitieren. Und nur, wo Bio draufsteht, ist Bio drin. Das bedeutet, es gibt einen Kriterienkatalog, dem die Kulturführung entsprechen muss, und es gibt jährliche Kontrollen.

II

Ab aufs Feld und eigene Zutaten anbauen

Es gibt also genug gute Gründe dafür, seine eigenen Blumen zu ziehen. Wir machen das bei uns zu Hause, in unserem engsten Umfeld, in unseren Gärten. Wir bringen die fertigen Sträuße in unser Heim, dort, wo wir mit unseren Lieben leben, arbeiten, spielen und feiern.

»Viele von uns wollten doch hauptberuflich Blumenpflücker:innen werden, oder nicht?«

Ein wunderbares Geschenk unserer Arbeit ist die unendliche Vielfalt an möglichen Zutaten – ob nun von uns selbst im Garten, am Feld angebaut oder in der Wiese, in der Hecke oder im Wald gesammelt. Wir arbeiten kreativ in und mit der Natur. Augen auf, denn die Zutaten unserer Arbeit ändern sich im Jahreslauf, monatlich, wöchentlich, oft auch täglich. Am Puls der Natur lauschend, eröffnen wir uns einen Zugang zu einer Vielzahl an Möglichkeiten. Alles, was wir draußen finden, ist verwendbar, aber nicht alles kann und sollte zu jedem Zeitpunkt auch geerntet und verarbeitet werden. Ich bin zum Beispiel keine Freundin davon, Äste und Zweige extra im Sommer zu entblättern, sondern warte lieber auf den Winter, der diese Arbeit übernimmt. Auch finde ich die Verwendung von Blumenzwiebeln zu dekorativen Zwecken, zum Beispiel auf Kränzen, wenig sinnvoll. Ich pflanze sie lieber in Töpfchen und warte auf die ersten Triebspitzen.

Je nach Thema oder Farbkonzept werden viele unterschiedliche Materialien aus der Natur für die Werkstücke gebraucht. Neben Blumen suchen wir nach Wurzeln, Samenständen, Blättern, Zweigen, Beeren und anderen Früchten, nach Gräsern und Kräutern. Wir schneiden Blüten von Bäumen und Sträuchern, Stauden, Zwiebeln und Knollen und Sommerblumen. Gut vorbereitet gleiten wir in die nicht so bunten Wintermonate und das gelingt mit getrockneten Blüten, Gräsern und Samenständen. Aber auch im tiefsten Schnee können wir den Frühling ein bisschen herbeizaubern: mit Frühlingszwiebeln und im Haus vorgetriebenen Zweigen.

Pflanzen, Menschen & Ideen

Immer, und besonders bei der Zutatenauswahl, bleiben die eigene Gewichtung und individuelle Schwerpunktsetzung wichtig: Möchtet ihr die private Blumenleidenschaft gemeinsam mit der Familie und mit Freunden ausleben und Blumen verschenken? Oder möchtet ihr die alte Arbeit aufgeben und einen neuen Vollzeitjob in der blühenden Branche?

1 ▸ Mit den eigenen Händen an Blumenschmuck zu arbeiten, ist einfach wunderbar.

2 ▸ Stolz präsentieren wir die fertigen Werkstücke.

3 ▸ Passende Elemente dazu zu arrangieren, macht natürlich zusätzlich Freude.

1 ▾

2 ▴

3 ▴

Keine Sorge, ihr müsst euch nicht gleich jetzt entscheiden. Aber diese und folgende Fragen werden immer wieder auftauchen. Und je genauer ihr euch und euer Umfeld kennt, umso besser wird euer Projekt zu euch passen und sich somit natürlich von anderen Schnittblumenprojekten unterscheiden. Das ist für uns alle gut. Denn kooperative gesellschaftliche Zusammenarbeit lebt von der Vielfalt.

Arbeitet an der Klärung der eigenen Wünsche und Bedürfnisse! Was wollt ihr? Wie möchtet ihr in Zukunft leben und arbeiten? Hier ein kleiner Fragenkatalog:

Wer bin ich und welche Stärken und auch Schwächen habe ich, welche Ausbildungen wurden im Vorfeld absolviert? Und damit meine ich nicht die »Garten- und Blumen-Ausbildungen«! Handwerkliches Geschick, Aus- und Weiterbildung werden sehr oft überbewertet. All das ist immer auch als Prozess zu sehen. Wir in Mitteleuropa sind oft verleitet, gar nicht erst zu starten, bevor wir nicht die 23. Ausbildung absolviert haben, aber oft tauchen erst nach einiger Zeit die konkreten neuen Interessen und dann auch Chancen auf.

Die Persönlichkeit verändert sich nicht so sehr im Laufe eines Lebens. Es sei also gut überlegt, welcher Typ von Mensch wir sind, Abenteuer oder Sicherheit, Höhle oder Marktplatz? Lieben wir Menschen, dann fühlen wir uns sicher am Marktstand mit unseren Blumen wohl, auch wenn es mal mehr Gespräche als Umsatz gibt … Und aus eigener Erfahrung hat die Kombination von Arbeitsplatz und Zuhause viele Vorteile, ist aber auch eine Herausforderung.

Neben Erfahrungen spielen natürlich auch die äußeren Bedingungen eine große Rolle: Wo befindet sich euer Blumengarten? In Stadtnähe gibt es eventuell Marktplätze? Hinzu kommen die Verfügbarkeit und natürlich auch die Kosten von Flächen und Gebäuden. Zum Glück brauchen Schnittblumenprojekte nicht sehr viel Platz. Auch auf einer bescheidenen Fläche lässt sich bereits ein erstes Sortiment kultivieren. Trotzdem müsst ihr euch über Fläche und Platz, Arbeitskraft, Boden, Licht und Wasser sowie verfügbare Maschinen Gedanken machen – aber das ändert sich auch immer wieder im Projektverlauf – zum Glück.

Will ich vom Hobby zum Gewerbe? Werde ich mich tapfer allen bürokratischen Hürden stellen, die ein Gewerbe mit sich bringen kann? Möchtet ihr ökologisch arbeiten und seid an einer Bio-Zertifizierung interessiert? Lasst euch bitte nicht abschrecken vom vermeintlichen Aufwand. Lasst euch gut beraten und steht für eure Überzeugungen ein! Es gibt nämlich einen Unterschied zwischen biologisch beziehungsweise ökologisch zertifizierten Schnittblumen und sogenannten Blumen vom Feld, die leider immer mal wieder als Slowflowers kategorisiert werden, aber keinesfalls einer nachhaltigen Überprüfung standhalten können.

Welche Werkstücke mache ich gerne, wann und für wen? Zum Beispiel sind Sträuße besonders in unserem Gebiet sehr wichtige Geschenke – nicht so sehr für einen selbst, aber zu jedem Besuch und jedem Fest gehören sie dazu. Zu beachten ist der Unterschied zwischen einem handwerklich gut gebundenen Strauß und einem einfachen Bund Blumen. Dieses Mehrwerts an ausgeübtem Handwerk solltet ihr euch als Gestalter:innen bewusst sein, er sollte aber auch an die Kund:innen kommuniziert werden.

Um später beim Ernten und Binden eine gute Balance zu finden, ist es nötig, nicht nur Blüten im Schnittblumenbeet zu ziehen, sondern auch Blätter, Gräser und Kräuter zu kultivieren. Der Anteil könnte in etwa bei 50:50 liegen.

Schnittblumen für spezielle Werkstücke wie Sträuße oder Kränze brauchen einen anderen Anbauplan als Blumen für Eventdekorationen. Hier benötigt ihr Zutaten mit großen Blüten und langen, hohen Stielen. Es geht nicht so sehr um die tagelange Haltbarkeit, sondern um den Moment, das »Schau«-Erlebnis, etwas Besonderes.

Es wird ein Unterschied in der Auswahl und im Anbau bestehen, ob für den Wiederverkauf an Florist:innen, die ihre eigenen Wünsche kundtun, kultiviert wird oder ihr in der Direktvermarktung bleibt.

Workshop-Acker, Selbstpflück-Feld oder das eigene Reich für dich allein? Denkt daran, dass es einen Unterschied macht, ob nur ihr den Blumengarten betretet oder viele andere Menschen auch ernten. Hier würde ich auf eine Artenauswahl achten, die keinen »schwierigen« Reifegrad besitzt, sonst ist die Freude bald getrübt. Blüten, die nur sehr kurzfristig gut frisch geerntet werden können oder ein spezielles Blühstadium brauchen (wie beispielsweise Schneerosen, die erst nach der Bestäubung geschnitten werden können), sind hier nicht am rechten Platz. Hier werdet ihr vielleicht auf einfache Dauerblüher mit langen Erntefenstern, *Cut-and-come-again*-Arten und -Sorten setzen. Auch Workshop-Felder profitieren von einer großen Vielfalt über einen langen Zeitraum.

1 ▴

2 ▸

3 ▾

1 ▸ Mit getrockneten Blumen können wir das ganze Jahr hindurch kreativ arbeiten.

2 ▸ Kränze aus Trockenblumen können genauso farbig sein wie aus frischen Zutaten.

3 ▸ Getrocknete und frische Blumen, Blüten, Gräser und Kräuter – Vielfalt begeistert.

»Wenn der Winter naht, kochen andere Marmelade, wir trocknen unsere Blumen.«

Und wir kultivieren nichts, was durch unsachgemäßen Schnitt zerstört werden kann.

Schwebt euch die Vorstellung von einem Schaugarten vor? Hier wäre sicher eine Kombination von Stauden und Sommerblumen in gemischten Beeten den zu beerntenden Beeten in Reihen vorzuziehen. Denn nicht alle Beete schauen immer schön aus. Denkt auch an die eigene Saatgut-Vermehrung! Die Saatgutproduktion wäre auch ein eigenes Projekt. Denn die Souveränität – Selbstversorgung mit eigenen samenfesten Sorten – ist eine gute Sache.

Vielleicht wollt ihr euch auf essbare Blüten spezialisieren? Vielleicht gibt es bereits gastronomische Erfahrungen oder Freunde, die gerne backen?

Möchte ich das ganze Jahr hindurch mit Zutaten aus dem eigenen Garten arbeiten? Oder habe ich noch andere Jobs und Interessen? Viele der amerikanischen *Flower Farmer* nutzen die Saison von Mai bis Oktober und genießen dann auch die ruhigeren Wintermonate. Ich habe mich schon bald für die »schwierigen« Wintermonate interessiert und empfinde es als kreative Herausforderung, auch im November und Februar Sträuße zu gestalten. Hier sind Sträucher-Quartiere, Hecken und der Wald sehr wichtige Quellen zum Sammeln geeigneter Zutaten.

Brauche ich trockene Zutaten für Werkstücke in den Wintermonaten? Das mit den Trockenblumen ist so eine Sache: Seit 20 Jahren rede und schreibe und mache ich etwas dazu. Dann kam der Trend ... Viele lieben heute getrocknete Blüten, aber leider wird auch hier gefärbt, gebleicht und somit vergiftet. Und wie es mit Trends ist, vielleicht flaut der Hype auch bald wieder ab?

Vielleicht liegt mein Arbeitsschwerpunkt ausschließlich in der Vorweihnachtszeit? Oder binde ich einfach gerne Sommersträuße zum Verschenken? Deine persönliche Story bestimmt dein Projekt und somit deinen individuellen Schnittblumengarten. Horcht in euch hinein, seid mutig und einzigartig!

Sicher, nicht alles wird leicht, aber es zahlt sich aus. Leider ist Mitteleuropa nicht das einfachste Gebiet, ein eigenes Projekt, vielleicht ein kleines Unternehmen zu starten – aber macht es trotzdem! Geht euren Weg! Und hört denen ein bisschen mehr zu, die bereits vorangegangen sind, und glaubt denen etwas weniger, die zu Hause geblieben sind ...

1 ◂

2 ◂

1 ▸ Dahlienknollen brauchen im Winter ein sicheres Quartier.

2 ▸ Im April gepflanzt, schneiden wir Hunderte Dahlienblüten von Juli bis zum ersten Frost.

Kriterien für gute Schnittblumen

Um die richtige Auswahl für das eigene Beet zu treffen, gibt es neben individuellen Vorlieben eine Reihe allgemeiner Kriterien, was eine gute Schnittblume ausmacht.

Kulturtechnik

Die eigene Kultur dieser Pflanze muss in unseren Gärten möglich und nicht allzu schwierig sein. Nicht alle Schnittblumen können in jeder Region im Freiland mit gutem Erfolg kultiviert werden.

Die ersten zehn Jahre habe ich meine wichtigsten Schnittblumen, die ich hier im Buch empfehle, ausschließlich im Freiland kultiviert, unbewässert, ohne Abdeckfolien und direkt am Feld. Erst viel später bauten wir die ersten Anbautunnel. In einer Seehöhe von etwa 400 m und mit einer durchschnittlichen Niederschlagsmenge im Jahr von 1000 mm pro Quadratmeter war das kein Problem.

Haltbarkeit

Eine gewisse Haltbarkeit nach dem Schnitt sollte gegeben sein. Diese ist abhängig von Art und Sorte. Zinnien und Astern halten von Natur aus in der Vase länger als zum Beispiel Dahlien. Aber frischer als aus dem Garten geht es ohnehin nicht. Blumen aus eigenem Anbau schalten alle Lieferketten aus und kommen frisch vom Beet auf den Tisch.

1 ▴

2 ▴

1 ▸ Die Akelei schätzen wir aufgrund ihrer frühen Blüte, der schönen Blätter und der interessanten Samenstände.

2 ▸ Getrocknete Dahlienblütenblätter schmücken im Garten-Café Kuchen und Torten.

3 ▸ Pfingstrosen: kurze Blühdauer, aber trotzdem unerlässlich im Schnittblumengarten.

Vielseitigkeit

Wichtig, besonders bei begrenzter Anbaufläche, ist eine gewisse Vielseitigkeit der Pflanze. Blätter und Blüten sollten gut zu verwenden sein, wie bei der Akelei. Viele Blumen erfreuen uns nach der eigentlichen Blüte noch mit Samenständen, Zweige mit vorgetriebenen Blüten im Winter und wunderbarer Laubfärbung im Herbst.

Flexibilität

Die Pflanze kann für Sträuße, aber auch für Kränze, getrocknet oder frisch, verwendet werden. Sind ihre Blütenblätter auch essbar? So schmücken unsere Desserts, Torten oder Salate zum Beispiel Dahlien, frisch oder getrocknet, oder Kornblumen.

Blühdauer

Eine möglichst lange Blühdauer und somit Erntezeit ist natürlich sehr gut. Aber auch Pflanzen mit einer nur kurzen Blütezeit sind oft besonders wertvoll. Ihr Wow-Faktor tröstet uns über ihre kurze Blütezeit hinweg. Beispiele dafür wären Flieder oder Maiglöckchen. Auch Pfingstrosen erfreuen uns eigentlich nur eine kurze Zeit im Jahr. Trotzdem gehören sie in jedes Sortiment. Und wir lieben sie nicht nur aufgrund ihrer Schönheit und ihres Duftes, sie gehören auch zu den wertvollsten und somit bestbezahlten Schnittblumen, die wir selbst leicht in unseren Gärten kultivieren können.

Weitere Kriterien

Zeitpunkt

Ein Argument für diese eine Pflanze kann auch ihr besonderer Blütezeitpunkt, zu dem wenig andere Blumen blühen, sein. Chrysanthemen trotzen dem ersten Frost und schenken uns als einzige Blumen noch im Spätherbst Farben. Aber auch Christrosen bzw. Lenzrosen überraschen mit großer Vielfalt, halten bei richtigem Schnitt sehr lange in der Vase und begeistern zu einem Zeitpunkt, wo noch keine anderen Schnittblumen im Garten zu finden sind.

3 ▾

Farbe

Das Merkmal, das uns sofort ins Auge springt, ist die Farbe. Wir empfehlen Blüten, die ein großes Farbspektrum bieten, wie zum Beispiel Dahlien. Außer in Grün und Blau gibt es Dahlien in vielen Farben, Mustern und Größen. Interessant sind Blumen und Blätter mit spannenden, unerwarteten Farben, wie schwarzes oder rotes Laub.

Es gilt zu beachten, dass ein Marktstand ein viel bunteres Sortiment verträgt als ein Schnittblumenprojekt, bei dem sich alles um Hochzeitsdekorationen mit allen damit verbundenen Trends dreht.

Duft

Der Sinneseindruck, der am direktesten wirkt, ist der Geruch. Jede:r möchte gerne die Nase tief in einen Strauß stecken und sich am Duft von Blüten, Blättern und Kräutern berauschen. Duft transportiert Erinnerungen und Gefühle.

Die Selektion sehr haltbarer Sorten und immer stabiler Blumen führt in der konventionellen Produktion dahin, quasi als Rache der Natur, dass der Duft verloren geht. Denkt nur an die superhaltbaren holländischen Tomaten aus dem Supermarkt – Walter, mein Mann und seit 30 Jahren Biogemüsebauer, sagt immer »schnittfestes, rotes Wasser« – im Vergleich zu den herrlichen Paradeisern eurer Oma! Wir müssen, dürfen uns also entscheiden!

So liegt in der besonderen Auswahl der Sorten und im eigenen Anbau unsere Chance: Viele Blumen aus dem eigenen Garten duften herrlich. Arten wie Nelken und

1 ◂

2 ◂

3 ▸

1 ▸ Für interessante Werkstücke brauchen wir nicht nur Blüten, sondern auch Gräser, Kräuter und Zweige.

2 ▸ Bewegung und Linien lassen Freiraum und passen nicht immer in den Karton.

3 ▸ Größere Sträuße brauchen lange Stiele.

Bartnelken *(Dianthus barbatus)*, Hyazinthen *(Hyacinthus orientalis)*, Narzissen (zum Beispiel *Narcissus poeticus*), Lilien *(Lilium regale)*, Geißblatt *(Lonicera periclymenum)*, Duftwicken *(Lathyrus odoratus)* und sogar Gladiolen *(Gladiolus murielae)* und natürlich Rosen *(Rosa)* können leicht selbst kultiviert werden. Duftende Frühlingssträucher wie Flieder *(Syringa)* sind aus unseren Gärten nicht wegzudenken. Und besonders viele Kräuter bereichern das Schnittblumenbeet und später die Werkstücke mit Textur und Duft.

Trends
Der Erfolg individueller Projekte und Vermarktungschancen sind immer auch abhängig von der aktuellen Beliebtheit und Bekanntheit der Arten und Sorten.

Form
Bewegung und Schwung fehlen den herkömmlichen Industrieblumen – sie müssen möglichst nebeneinander in die Kartons passen! Für außergewöhnliche Gestaltungen ist aber eine interessante Form sehr wichtig. Besonders bei freien Arrangements und auch bei locker gebundenen Sträußen sind geschwungene Blütenstiele, ein bewegter Zweig oder hängende und kletternde Blumen unerlässlich. Hier ist eine entsprechende Sortenauswahl wichtig. Und bei manchen Kulturen tut ein bisschen Faulheit gut – nicht stützen, nicht aufbinden, sondern Ausschau nach dem vermeintlich Unperfekten halten.

VOM
HÜGEL

Größe und Länge

Am vielseitigsten zu verwenden sind Blumen mit langen geraden Stielen. Wir bauen nur Sorten mit einer Stiellänge von mindestens 50 cm an. Die Zutaten können dann flexibel für Sträuße, Arrangements oder Kränze verwendet werden. Abschneiden ist immer viel leichter als verlängern ...

Große Blütenköpfe brauchen starke Stiele. Wir wählen standhafte Arten und Sorten. Oft hilft ein Ausdünnen der schwachen Pflänzchen oder Pflanzenteile im Frühjahr. Verschiedene Stauden wie Phlox oder Astern können bereits im Frühling zurückgeschnitten werden. Die verbleibenden Stiele werden dann stärker und länger und es entstehen größere Blüten.

Für schöne Werkstücke brauchen wir aber immer verschiedenste Zutaten und verschiedene Größen und Stiellängen. Zutaten wie Zierlauch *(Allium)*, Steppenkerze *(Eremurus)* oder Rittersporn *(Delphinium)* eignen sich für größere Arrangements.

Produktivität

Produktivität ist wichtig, wenn man über nur begrenzte Anbauflächen verfügt und man möglichst viele Stiele pro Saison ernten möchte. Die Sortenauswahl spielt in diesem Fall eine wichtige Rolle.

Am produktivsten sind sogenannte *Cut-and-come-again*-Arten und -Sorten: Im Vergleich von Pfingstrosen *(Paeonia)* mit Kosmeen *(Cosmos)* dauert es nach der Pflanzung der Pfingstrose etwa drei Jahre, bis die ersten Blütenstiele erntereif sind. Dann können vielleicht fünf Stiele geschnitten werden und das in einem Zeitraum von 3–4 Wochen. Die ersten Kosmeenblüten gibt es bereits einige Wochen nach der Saat. Über Monate hindurch kann man viele Hundert Blütenstiele ernten. Auch Dahlien gehören zu den hochproduktiven Sorten und sollten in keinem Blumenbeet fehlen.

Wenn ihr bereits aus einem kleinen Fleckchen Erde ohne massive Arbeitsleistung viele Stiele ernten möchtet, ist die Arten- und Sortenauswahl entscheidend.

Pflanzen im Vergleich[4]

Im direkten Vergleich von Kosmeen, Pfingstrosen und Dahlien als Schnittblumen erkennen wir große Unterschiede in der Produktivität.

Und trotzdem brauchen wir alle drei Pflanzen in unseren Schnittblumenbeeten. Ich würde aus eigener Erfahrung nicht empfehlen, ausschließlich mit Pfingstrosen zu beginnen. Auch immer nur auf Einjährige zu setzen, ist mir persönlich zu wenig. Vielmehr ist es die Vielfalt, die den Reiz ausmacht.

Verfügt ihr also nur über wenig Platz für Schnittblumen im Garten, ist die richtige Auswahl an geeigneten Arten so wichtig. Und dazu gehören die Entscheidung für die persönlich wichtigen Kriterien und ein wenig botanisches Wissen.

Aber immer gilt: Dein eigener Projektplan bestimmt deinen individuellen Pflanzplan – in Arten, Sorten und Mengen!

Pfingstrose

- Staude, mehrjährig
- 3 Jahre Produktionszeit bis zur Ernte (von der Pflanzung bis zum ersten Blütenstiel)
- 3–4 Wochen Zeitraum für die Ernte
- 1 Kübel mit ca. 40 Stielen pro Quadratmeter Fläche
- Anbaukosten ca. 15–20 Euro
- Vermehrung in der Praxis nur durch Teilung, erst nach Jahren

Kosmee

- Schmuckkörbchen, einjährige Sommerblume, *Cut and come again*
- 16 Wochen Produktionszeit bis zur Ernte (von der Aussaat über die Jungpflanze bis zum ersten Blütenstiel)
- 15 Wochen Zeitraum für die Ernte
- 40 Kübel mit jeweils 40 Stielen pro Quadratmeter Fläche
- Anbaukosten ca. 0,30 Euro
- eigenes Saatgut sehr gut möglich

Dahlie

- Staude, mehrjährig (nicht winterhart), *Cut and come again*
- 18 Wochen Produktionszeit bis zur Ernte (vom Pflanzen der Knolle bis zum ersten Blütenstiel)
- 20 Wochen Zeitraum für die Ernte
- 20–30 Kübel mit je 40 Stielen pro Quadratmeter Fläche
- Anbaukosten ca. 3 Euro
- Knollen vermehren sich in guten Jahren 30 Prozent innerhalb einer Saison.

Pflanzenbeziehungen

Ein bisschen Botanik sollte uns an dieser Stelle kurz interessieren, da doch die richtige Auswahl an Arten und Sorten und die ausgewogene Mischung aus Einjährigen, Zweijährigen, Stauden und Sträuchern für ein erfolgreiches Schnittblumenprojekt entscheidend sind.

Ähnlich der Namensgebung bei den meisten Menschen mit einem Familiennamen und einem Vornamen erhält in der Botanik jede Pflanze einen zweiteiligen Namen. Der erste Namensteil benennt die botanische Gattung. Innerhalb einer Gattung werden verschiedene Arten mit gemeinsamen Merkmalen unterschieden.

Die Sorte einer Pflanze ist ein Begriff aus der Gärtnerei und Pflanzenzüchtung. Eine Sorte muss sich durch verschiedene Merkmale, wie Größe, Farbe und Musterung von anderen Sorten der gleichen Art unterscheiden.

Die genaue botanische Bezeichnung der Pflanzen hilft beim Studium von Fachliteratur, im Austausch mit anderen Schnittblumen-Begeisterten (weltweit!) bis hin zur Auswahl des richtigen Saatgutes.

Wichtig ist das Wissen um die Beziehungen in der Pflanzenwelt.

Die Zuordnung zu einer bestimmten Gruppe von Pflanzen verrät viel über Kultur- und Wachstumsbedingungen der gewählten

1 ▾

2 ▾

3 ▴

1 ▸ Einjährige Sommerblumen, zweijährige Kulturen und Stauden – eine ausgewogene Mischung gewährleistet lange Erntefenster.

2 ▸ Wir und die Vögel freuen uns über eigenes Saatgut.

3 ▸ Dahlien sind für jedes Schnittblumenprojekt unerlässlich. Produktivität, Farben und Formen bleiben im eigenen Anbau unerreicht.

Blumen. Es ist gut zu wissen, wie lange der Lebenszyklus der Blüte ist, wann zu pflanzen, wann zu schneiden, wann zu ernten sein wird. Wann werden die Beete unterjährig wieder frei und in welchem Zeitraum hat man welchen Ertrag zu erwarten.

Ich habe das erst später richtig gut verstanden. Aber wenn wir uns ein Beispiel an den Gemüsebauern und -bäuerinnen nehmen, verstehen wir, warum diese fast ausschließlich mit einjährigen Pflanzen arbeiten. Es bedeutet natürlich Ernte im ersten Jahr und bei guter Planung und Staffelung sogar mehrmals pro Jahr!

Viele Blumen aus der Pflanzengruppe der Einjährigen sind wunderbare Schnittblumen. Höchst produktiv in der Blüte reicht die Vegetationsperiode über etwa zwölf Monate. In einem Jahr konzentrieren sich die Blumen auf das Blühen und das Hervorbringen von Samen.

Stauden, also mehrjährige Pflanzen, hingegen bemühen sich vor allem in den ersten Lebensjahren stark um Wurzel- und Blätterwachstum, damit sie Kraft sammeln, um Jahr für Jahr weiter wachsen zu können. Aber auch in dieser Gruppe finden wir viele besondere, wertvolle Schnittblumen. Zum Beispiel Rittersporn und Pfingstrosen. Stauden produzieren erst nach 2–3 Jahren genug schöne Stiele zum Ernten, und es können dann etwa 2–3 Bund pro Pflanze geschnitten werden. Von einjährigen Arten und Sorten, wie Kosmeen und Kornblumen, ernten wir auf der gleichen Grundfläche 30-mal so viele Stiele – und das im ersten Jahr.

1 ▸ Amaranth

2 ▸ Einjährige Blumen können sehr gut in unterschiedlichen Sätzen gezogen und gepflanzt werden.

3 ▸ Speisechrysanthemen sind frostfest und können bereits sehr früh im Jahr ausgepflanzt werden.

Einjährige Blumen

1 ◂

Diese Pflanzen keimen innerhalb eines Jahres beziehungsweise einer Vegetationsperiode, wachsen und blühen, bilden Samen und frieren mit dem ersten Frost ab beziehungsweise beenden ihr Wachstum. Im Gegensatz zu den Stauden, die sich zum Winterschlaf unter die Erde zurückziehen und im Folgejahr wieder neu austreiben, überdauern diese Blumen nicht. Sie müssen für die kommende Gartensaison wieder neu gepflanzt werden, oder sie säen sich von selbst aus. Das tun sie oft, wenn ihnen der Standort zusagt und falls dies von uns gewollt wird.

3 ◂

2 ▴

Vorteile

Wir können fast immer mit unserem Projekt starten – auch bereits im Herbst, ohne Stress durch zu viel Hitze oder Kälte. Wenn noch kein Jungpflanzen-Equipment zur Verfügung steht, startet man einfach erst im Mai, wenn die letzten Fröste kein Problem mehr darstellen. Von diesen Pflanzen werden wir mit Flexibilität beschenkt.

Die meisten Sommerblumen sind ohne sehr große Anforderungen an ihren Standort zu kultivieren, wachsen schnell und blühen bereits nach etwa 12–14 Wochen.

Saatgut ist, auch in Bioqualität, einfach zu bekommen und relativ günstig.

Viele einjährige Blumen sind höchst pro duktiv in der Blüte. Sie bringen hohen Ertrag auf kleiner Fläche, blühen oft monatelang, und wir können über einen langen Zeitraum hinweg ernten – sie sind ideal zum Ausprobieren und Starten eines Schnittblumenprojektes.

Staffelungen im Anbau, das heißt eine Kultur in mehreren Pflanzsätzen ist möglich. Damit wird das Erntefenster planbarer und verlängert sich enorm.

Die Kultur wird jedes Jahr beziehungsweise auch unterjährig neu angelegt. Von einer vielfältigen Misch- und Folgekultur profitiert auch der Boden. Mit Einjährigen bleibt man in der Feldgestaltung flexibel und kann auch in der Saison von Mai bis September neu starten.

Die Beete sind gut mit Traktor oder Fräse vorzubereiten. Auch die Pflanzung und die Pflege könnte im großen Rahmen maschinell erfolgen.

In gemischten Beeten vermehren sich einjährige Sommerblumen durch Selbstaussaat und bereichern so die Gärten.

Nachteile

Die Vegetationsperiode ist begrenzt. Ein Jahr bedeutet, wir müssen jedes Jahr säen, vorziehen und neu pflanzen. Wir müssen dranbleiben: Immer die überreifen Blütenköpfe ausschneiden *(deadheading)*, um neues Blütenwachstum anzuregen. Setzt die Samenbildung ein, ist es mit der Blühfreudigkeit vieler Sorten vorbei.

Viele Arten und Sorten sind schon sehr gut bekannt und es gibt kaum große Überraschungen.

1 ▴

2 ▴

1 ▸ Eigenes Saatgut

2 ▸ Leichte Bedeckung mit Erde reicht meist.

3 ▸ Ein gut durchwurzelbarer Boden ist bei der Pflanzvorbereitung wichtig.

In der Kultur sind zu unterscheiden:

Echte einjährige Pflanzen oder nur bei uns nicht winterharte Arten und Sorten. Manche nicht heimische Sommerpflanzen wie *Tagetes*-Arten werden fälschlicherweise als einjährig bezeichnet, obwohl sie in ihrer warmen Heimat durchaus mehrjährig sind und nur bei uns den kalten Winter nicht aushalten.

Frostharte Einjährige *(cool flowers)* wie Skabiosen, *Nigella*-Arten, Mohn, Ringelblume und Kornblume. Diese Arten können bereits im Herbst gesät und auch gepflanzt werden. Die Natur lehrt, dass es bei Selbstaussaat einen Startvorteil im Frühling gibt, da die Blüten früher erscheinen. Das nutzen wir in dieser Situation und freuen uns über frühe Sommerblumen in den Frühlingsmonaten.

Nicht frostharte Einjährige, zum Beispiel Zinnien. Sie sind kälteempfindlich bei der Aussaat und nicht frostfest in unseren Breiten. Sie brauchen eine warme Kinderstube in einem erwärmten Glashaus oder auf einer Fensterbank. Idealerweise werden sie erst im April gesät und erst ausgepflanzt, wenn sich die Erde schon etwas erwärmt hat und kein Frost mehr zu erwarten ist.

Standort und Wachstumsbedingungen

Für die meisten einjährigen Pflanzen reicht ein sonniger Platz und ein gut vorbereiteter, gut durchwurzelbarer, tiefgründiger Boden.

Direktsaat oder Jungpflanzen-Voranzucht? Zu Beginn meiner *Flower-Farmer*-Karriere vor fast 20 Jahren dachte ich: »Na klar, direkt säen ist doch viel einfacher!« Tja, meine Erfahrungen zeigen anderes. Wenn ich direkt in ein gut vorbereitetes Beet säe, sät die Natur gleichzeitig mit mir. Und wer, glaubt ihr, ist immer schneller im Wachstum? Und dazu kommen noch

Schnecken, Hasen und Rehe, Sonne, Trockenheit, Gewitter mit Regen. Mittlerweile säen wir alle unsere Kulturen, die Sonnenblumen sind eine Ausnahme, in Pflanzschalen und Topfplatten. So pflanzen wir bereits ein bisschen stabilere Jungpflanzen in die frischen Beete und geben ihnen den Vorsprung, den sie, zumindest bei uns, wirklich gut gebrauchen können.

Zu achten ist auf eine wechselnde Kulturfolge. Ein Kornblumenbeet folgt dem *Tagetes*-Streifen oder an das Tulpenbeet könnten sehr gut schnell wachsende Sommerblumen anschließen. Wenn immer kleine Pflänzchen zur Verfügung stehen, was eine gute Planung gewährleistet, sind die Beete nicht lange leer. Das hat wiederum den Vorteil, dass nicht die Natur alleine für Begrünung und Beikraut sorgt.

Gedüngt wird sanft, am besten mit eigenem Kompost. Die Mineralstoffzufuhr ist meist wichtiger als die Gabe von Stickstoff. Also bitte nicht zu gut füttern!

Meist ist keine zusätzliche Bewässerung notwendig. Wir warten auf einen guten Wetterbericht, ist eine Regenwolke in Sicht, werden alle helfenden Hände mobilisiert und die Reihen gepflanzt. Bleibt dann aber der Regen aus, müssen auch wir etwa zehn Tage mit einer Startbewässerung helfen. Aber dann kommen die kleinen Pflänzchen gut selbst zurecht und werden bis zur Ernte nicht mehr bewässert.

3 ▾

2 ▸

1–2 ▸ Nicht nur Blüten, sondern auch Samenstände sind interessant für spätere Gestaltungen.

1 ▾

Cut-and-come-again-Arten

Der Name sagt es uns bereits: Wenn wir die Blüten ernten, erscheint oft innerhalb weniger Tage eine neue. Mit dieser Auswahl erreichen wir in unserem Schnittblumenbeet sehr hohe Produktivitätsraten auf vergleichbar geringer Bodenfläche.

Zu ihnen gehören viele Einjährige. Es entspricht ihrer genetischen Programmierung, im selben Jahr Samen zu bilden und für Nachkommen zu sorgen. Wird dies durch den Schnitt verhindert, treiben diese Arten bis zum Ende der Saison unaufhörlich weitere Blüten nach. Der Schnitt erfolgt jedoch nicht auf Bodenniveau, sondern nach einer Verzweigung. An dieser Stelle entstehen dann die neuen Blätter, Stiele und Blüten. Beispiele sind Zinnien, Skabiosen, *Limonium*-Arten, Kosmeen und viele andere einjährige Sommerblumen. Wir versuchen, sie so früh wie möglich zum Blühen zu bringen und so lange wie möglich am Blühen zu halten. So ernten wir die größtmögliche Menge an Blütenstielen.

Die beliebtesten einjährigen Sommerblumen

Die folgenden einjährigen Schnittblumen sind eine ganz persönliche Auswahl. Sie beruht auf praktischen Erfahrungen bei uns im Projekt, an unserem Standort (400 m Seehöhe) und in unserer Blumenwerkstatt. Diese Einjährigen gedeihen gut auf unserer eher lehmigen, harten Erde. Es sind Arten und Sorten, die nicht allzu schwer zu kultivieren sind und erste Erfolge bereits im ersten Jahr versprechen.

Kornblume

CENTAUREA CYANUS

Müssen es immer blaue Kornblumen sein? Zwar gibt es auch andersfarbige Sorten, die blaue Kornblume mit ihrem unvergleichlich schönen Blau ist jedoch die einzige, die unsere Sehnsucht nach Sommertagen und Romantik im Kornfeld wirklich erfüllt. In manchen Regionen wird die Kornblume auch Roggenblume genannt. Die Kornblume gilt als Ur-Unkraut der Getreidefelder, sie ist in Mitteleuropa vermutlich so alt wie die Kultur des Getreideanbaues selbst.

Kornblumen gehören zu den frostharten einjährigen Sommerblumen, sind leicht selbst zu kultivieren und machen einfach Freude.

ANBAUEN

Oktober bis Juli

Ein erster Satz kann bereits im Herbst gesät werden. Darauf folgen bis fünf Sätze in der Sommersaison. Die Blumen lieben tiefgründige Böden und einen sonnigen Standort.

Die langen Stiele der Kornblume brauchen Unterstützung durch Stützen oder durch Netze. Fallen sie um, wachsen die Pflanzen schief, was zu kurze Stiele für unsere Sträuße bedeuten kann.

ERNTEN

Mai bis September

Der beste Schnittzeitpunkt ist sofort beim Öffnen der Blütenblätter, wenn die ersten farbigen Spitzchen sichtbar werden. Wird die Blütenfarbe blass, ist der optimale Erntezeitpunkt bereits überschritten.

VERWENDEN

Die frischen Blüten bereichern gemeinsam mit Gräsern, Korn und einfachen Feldblumen unsere Frühsommersträuße.

Die Blüten sind gut zu trocknen, brauchen jedoch Wärme, um ihre tiefblaue Farbe zu behalten.

Die Blütenblätter der Kornblume sind getrocknet und frisch essbar und schmücken Kuchen und Salate.

Sonnenblume

HELIANTHUS ANNUUS

Auf meinem Feld dürfen Sonnenblumen im Sommer nicht fehlen. Riesige und kleinste, gelbe und braune, ungefüllt, gefüllt, verzweigt – die Sortenvielfalt der Sonnenblumen begeistert uns jedes Jahr aufs Neue.

ANBAUEN

April bis Juli

Die nicht frostharten Blumen sind recht einfach zu kultivieren und bereiten viel Freude. Wir empfehlen eine erste Direktsaat im Freiland nach dem letzten Frost. Jede Woche oder jede dritte Woche kann ein neuer Satz ausgesät werden, um einen ganzen Sommer lang Blüten zu ernten. Sonnenblumen brauchen, wie der Name schon so schön sagt, Sonne und nährstoffreichen Boden.

Um die Anzahl der Stiele und somit die Produktivität der Pflanze für den Schnitt zu erhöhen, kann bei unverzweigten Sorten der Terminaltrieb (der Haupttrieb, der die Wachstumsrichtung bestimmt) gestutzt werden. Man erzielt dadurch mehrere Blütenstiele. Auch empfiehlt sich ein recht kleiner Saatabstand, etwa 5–10 cm, so bleiben – durch die Konkurrenz zwischen den Pflanzen – die Stiele dünner und die Blüten kleiner. Dies ist besonders beim Binden von Sträußen recht hilfreich.

ERNTEN

Juli bis November

Geerntet wird knospig oder wenn sich die ersten Blütenblätter entfalten. Die Blumen können aber auch noch voll erblüht geschnitten werden. Wichtig ist, dass das Zentrum der Blüte noch geschlossen und schwarz ist und die Blütenblätter sich nicht zurückrollen.

Alle überschüssigen Blätter werden nach dem Schnitt entfernt. Frisch anschneiden und kurz in heißes Wasser stellen verlängert die Haltbarkeit in der Vase.

VERWENDEN

In Sommersträuße gehören Sonnenblumen, sei es als grüne Knospen oder sonnige gelb-vergnügte Blüten, und auch wenn bereits die ersten Blütenblätter abfallen, ist das verbleibende Innere ein interessant anzusehendes mathematisches Kunstwerk.

Die Blütenblätter sind essbar, und selbst der Blütenboden der Sonnenblume soll wie Artischocke schmecken.

Getrocknet verbreitet die Sonnenblume auch in den Wintermonaten noch ihren besonderen Charme und ihre Leichtigkeit.

Zinnie

ZINNIA ELEGANS

Zinnien sind hochproduktive, sehr gut haltbare und farbenfrohe Blumen, die in jedes Schnittblumenbeet gehören. Die Sortenvielfalt der letzten Jahre ist einfach wunderbar.

ANBAUEN

Mai bis Juli
Im Frühling, wenn der letzte Frost vorbei ist, wird gesät. Zinnien gehören zu den nicht winterharten Einjährigen, sie überstehen keine Frostperioden. Jede zweite Woche gesät, ernten wir von sechs Pflanzungen.

Unbedingt den Terminaltrieb stutzen oder die erste Blüte recht tief ernten. Das fördert bei Zinnien die Verzweigung, und wir erhalten viele schöne lange Stiele. Wichtig ist auch das ständige Ausschneiden der verblühten Köpfe, sonst verliert die Pflanze ihre Blühwilligkeit.

Die mexikanischen Schönheiten lieben Sonne und warmes Wetter.

ERNTEN

Juni bis Oktober
Man schneidet die Blüten, wenn sie reif »mit steifem Nacken« sind und die Blütenköpfe nicht mehr wackeln. Dies kann man durch leichtes Schütteln der Stängel gut erkennen. Die Stiele müssen eine gewisse Festigkeit zeigen, der Pollen ist bereits sichtbar. Zu früh geerntete Blütenstiele lassen sehr schnell das Köpfchen hängen. Im idealen Reifegrad geschnittene Stiele besitzen eine überaus gute Haltbarkeit als Schnittblume in der Vase.

VERWENDEN

Die frischen Stiele dieser vielfältigen Blumen zieren alle Sommersträuße für lange Zeit.

Das Trocknen der Blüten ist meiner Meinung nach nicht sehr interessant und auch vom Verzehr der Blumen würde ich abraten. Das überlassen wir eher den Schnecken.

Strohröschen

HELICHRYSUM BRACTEATUM

Allein das Geräusch beim Ernten ist es wert, diese nostalgische Blume zu kultivieren. Sie raschelt bereits als frische Blüte, nicht erst in getrocknetem Zustand. Gemeinsam mit Arten der Gattung *Limonium* bereichern diese Blüten unsere frischen, aber besonders auch die Trockenblumensträuße und bringen Farbe in unterschiedlichste Kränze.

ANBAUEN

April bis Juni
Strohröschen sind nicht wirklich frostfest, obwohl sie bei uns meist auch nach dem ersten Frost im Herbst weiter blühen. Traditionell werden sie bei uns gemeinsam mit Zinnien und anderen nicht frostharten Einjährigen erst im Frühling gesät und als Jungpflanze ins Feld gepflanzt.

ERNTEN

Juni bis Oktober
Bei dieser *Cut-and-come-again*-Art ernten wir pro Pflanze immer wieder neue Stiele. Beim Schnitt müssen wir darauf achten, dass das »Genick« bereits ausgereift ist, der Stängel bis zur Blüte genug Festigkeit besitzt, dass die Köpfchen später in der Vase oder beim Trocknen nicht hängen. Ein zu später Schnitt für ein späteres Trocknen sollte jedoch auch nicht passieren, ansonsten werden sich die Blütenköpfe ganz öffnen und ihr Saatgut in der Werkstatt freigiebig verstreuen. Für das Trocknen ist es hilfreich, sehr knospig zu ernten.

VERWENDEN

Diese nostalgische Blume erfreut alle Herzen, erinnert sie doch an Omas gute Stube. Ich finde die Blüten auch in frischen Sträußen und Arrangements überraschend und sehr charmant.

Kosmee

COSMOS BIPINNATUS

Die feine Sommerblume mit fiedrigem Laub, auch Schmuckkörbchen genannt, erscheint auf den ersten Blick recht zart und wenig robust. Kosmeen sind jedoch außerordentlich gut haltbare und hochproduktive Schnittblumen. Es gibt sie in unzähligen Sorten, gefüllt und ungefüllt, in Farben von Weiß bis Pink.

ERNTEN

Mai bis Oktober
Wenn sie Farbe zeigen, sich jedoch noch nicht geöffnet haben, werden die Blüten geerntet. Sie halten in der Vase bis zu sechs Tage. Für eine lange Blühperiode ist das ständige Ernten oder das Auspflücken der verblühten Köpfe sehr wichtig.

VERWENDEN

Von diesen zarten Sommerblumen glaubt man im ersten Moment nicht, dass sie in der Vase ausreichend halten werden. Kosmeen sind jedoch ausgezeichnete Schnittblumen und verzaubern mit ihrer Leichtigkeit Sträuße und Arrangements.

Auch gehören Kosmeen zu den essbaren Blüten und schmücken bei uns im Garten-Café Torten und Desserts.

ANBAUEN

März bis Juni
Kosmeen sind einfach zu kultivieren, sie kennen keine Schädlinge und Krankheiten und können auch direkt ins Freiland gesät werden. Schnecken mögen diese Blumen nicht. Sie vermehren sich gerne durch Selbstaussaat, ohne lästig zu werden.

In der Kultur ist das Säen und das Ernten von bis zu vier Sätzen möglich. Im freien Feld brauchen die Pflanzen Schutz vor Wind, am besten durch Netze. Ein sonnig bis halbschattiger Standort ist ideal.

Von Kosmeen lässt sich auch sehr leicht eigenes Saatgut gewinnen, das überrascht uns dann in der nächsten Saison sicher mit neuem Farben- und Formenspiel.

Löwenmäulchen

ANTIRRHINUM MAJUS

Nostalgie aus dem Bauerngarten. Die Farbenvielfalt und Haltbarkeit machen Löwenmäulchen zu einer sehr guten Schnittblume.

ANBAUEN

März bis Juni
Die frostunempfindlichen Pflanzen können mit leichter Abdeckung bereits ab März im Freiland gepflanzt werden, auch ist ein Herbstsatz möglich.

Löwenmäulchen lieben sonnige bis halbschattige Standorte.

Unbedingt von Vorteil ist die Kultur mit Netzen. Sie stützen die leicht brechenden Stiele.

Die Stiellänge und der Habitus der Pflanze sind sehr unterschiedlich und von der Sortenauswahl und dem Standort abhängig.

ERNTEN

Mai bis Oktober
Der ideale Schnittzeitpunkt ist erreicht, wenn 3–5 Blüten im unteren Teil der Blütenrispe geöffnet sind. Die Blumen halten bis zu einer Woche in der Vase.

VERWENDEN

Achtung: Die Blüten sind auch geschnitten sehr »lichtwendig« – will man gerade Stiele, muss man sie auch gerade ins Wasser stellen und gestalten.

Löwenmäulchen gehören zu den essbaren Blüten.

Zweijährige Blütenpflanzen

Im Unterschied zu einjährigen Blumen bilden zweijährige Pflanzen im ersten Jahr keine Blüte, sondern nur Blätter. Ihre Wachstums- und Blühperiode umfasst zwei Jahre beziehungsweise zwei Zyklen: Die Blätterrosette, das Grün und die Wurzeln sind bereits im ersten Jahr voll ausgebildet und gewachsen. Im zweiten Standjahr muss sich die Pflanze nur noch um die Blüte und die Nachkommenschaft kümmern. Gesät im Juli des ersten Jahres, verpflanzt im August, kann die Blüte im Frühling des Folgejahres geerntet werden.

Die Zweijährigen werden im Garten und besonders im Schnittblumengarten oft unterschätzt. Viele zweijährige Blumen wie Bartnelken, Marien-Glockenblumen und Fingerhut blühen im Frühling. Sie blühen somit in einer Phase, in der die Einjährigen oft noch nicht so weit sind und auch viele Stauden gerade eine Pause einlegen. Zu dieser Zeit, Anfang Mai, ist Muttertag, also einer der wichtigsten Blumentage des Jahres, zumindest was den Verkauf anbelangt.

Gesät im Sommer, gepflanzt im Herbst, überwintern diese Pflanzen ohne Schutz im Freiland vergleichbar mit den frostharten Einjährigen *(cool flowers)*. Die Unterscheidung zwischen echten Zweijährigen und kurzlebigen Stauden ist oft nicht einfach. Wichtig ist eine sinnvolle Entscheidung bezüglich der Kultur. Bartnelken und Fingerhut werden bei uns zweijährig kultiviert. Im normalen Garten, ohne hohe Ernteerwartung, freuen wir uns, wenn sie auch im dritten oder vierten Jahr noch blühen.

Eine Kultur in mehreren Sätzen ist leider nicht möglich. Das Erntefenster kann nur durch geschickte Sortenauswahl beeinflusst werden.

Für diese Pflanzen spielen auch die Standortbedingungen eine wichtige Rolle. Lichtverhältnisse und Bodenbedingungen sollte man daher gut kennen und beachten.

1 ◂

1 ▸ Fingerhut: wunderschön und giftig

Bartnelken

DIANTHUS BARBATUS

Bartnelken haben duftende und sehr gut haltbare Blüten für unseren Schnittblumengarten und sind in unseren Regionen die typische Muttertagsblume. Ständig werden neue Farben und Formen, ob gefüllt oder ungefüllt, vorgestellt. Wir empfehlen eine gemischte Auswahl früher, mittlerer und später blühender Sorten.

Alle Nelken, Landnelken oder Prachtnelken (*Dianthus caryophyllus* und *D. superbus*), gehören in die Gruppe der zweijährigen Pflanzen und sind leider mittlerweile unterschätzte Schnittblumen für den eigenen Anbau. Ich erinnere mich aber noch sehr gerne an das Nelkenbeet meiner Uroma und ihre duftenden Sträuße, kombiniert mit mehrjährigem Schleierkraut.

ERNTEN

Mai
Wenn 10–20 Prozent der Einzelblütchen geöffnet sind, ist der ideale Schnittzeitpunkt. Aber auch grün-knospig oder voll erblüht können sie gut geschnitten werden.

VERWENDEN

Bartnelken sind ausgezeichnete Schnittblumen mit wunderbarem Duft. Richtig geerntet halten sie in der Vase bis zu zehn Tage.

Die samtigen Blüten verbreiten den nostalgischen Charme alter Bauerngartenschönheiten. Wie alle Nelken sind die Blüten der Bartnelke essbar und bereichern Kuchen und Törtchen.

ANBAUEN

Juli, August
Vorgezogen und gepflanzt oder in günstigen Regionen im Sommer direkt gesät, blühen die Pflanzen im nächsten Frühling. Sie benötigen eine Kälteperiode, um einen Blütenstiel zu entwickeln. Sie säen sich gerne selbst aus oder blühen oft noch im dritten Standjahr.

Es gibt mittlerweile auch Sorten, die bei sehr frühem, geschütztem Anbau bereits im ersten Standjahr blühen.

Fingerhut

DIGITALIS

Die Gattung der Fingerhüte liebt die Vielfalt: Sorten, die als einjährige Sommerblumen gezogen werden, zweijährige Arten, wie die bei uns heimischen, und auch Vertreter der kurzlebigen Stauden. Von der Art *Digitalis purpurea* gibt es weiße, cremeweiße und rosa blühende Sorten, *Digitalis lanata* blüht im sehr schönen bräunlichen Ton. *Digitalis ferruginea* produziert unzählige winzige, gelbe Einzelblüten, die dicht an sehr hohen Stielen sitzen.

ANBAUEN

Juli, August
Die Samen sind Lichtkeimer, sie werden beim Aussäen nicht mit Erde bedeckt. Wie alle Zweijährigen bildet die Pflanze im ersten Standjahr nur eine Blattrosette. Erst im zweiten Jahr erscheint die imposante Blüte.

Als Waldpflanze ist allen die Liebe zum Halbschatten gemein.

ERNTEN

Mai, Juni
Man schneidet beim ersten Erblühen der Rispenblüten. Sofort gewässert, verfügt der Fingerhut über eine sehr gute Haltbarkeit in der Vase.

VERWENDEN

Hält man bei Aussaat und Pflanzung die Abstände klein, entwickelt die Pflanze dünnere Stiele und kleinere Blüten, und wir können sie sehr gut in Sträußen kombinieren. Erweitern wir die Abstände, strecken sich die Stiele in die Höhe. In unserem Anbautunnel erreichen die Exemplare schon mal die Zwei-Meter-Marke. Diese üppigen Schönheiten sind dann ideal für eine imposante Eventdekoration.

Fingerhut ist giftig, also bitte nicht die Tortenstücke mit den Blüten garnieren.

Marien-Glockenblume

CAMPANULA MEDIUM

Die zweijährige Glockenblume bildet im Sommer nach der Aussaat eine Blattrosette, und erst im folgenden Frühsommer schieben sich die Blütenstände aus der Mitte. Sie stammt ursprünglich aus Italien und Südostfrankreich und ist als Bauerngartenblume sehr beliebt.

Die Blüten erreichen eine Höhe von 60–80 cm und sind dicht mit kurz gestielten, großen Blüten besetzt. Je nach Sorte sind sie unterschiedlich blau, aber auch weiß oder rosa. Ihre gefüllten und ungefüllten Sorten sind attraktiv und nostalgisch.

ANBAUEN

Juli, August

Sie mag frischen, lockeren und nährstoffreichen Boden ohne Staunässe in der Sonne oder im Halbschatten. Wir empfehlen, die Pflanzen, besonders im Anbautunnel, wo sie viel höher werden, unbedingt durch Netze wachsen zu lassen, um Stiele zu stützen und Blüten zu schützen.

Achtung beim Anbau im Freiland: Feldhasen lieben Glockenblumen.

ERNTEN

Mai, Juni

Wenn die ersten Glöckchen Farbe zeigen, können wir die ersten Stiele ernten.

VERWENDEN

Glockenblumen sind sehr gut haltbare Schnittblumen und bereichern unser Sortiment besonders am Muttertag.

Wie alle Glockenblumen gehört auch die Marien-Glockenblume zu den essbaren Blüten.

1 ▴

2 ▴

1 ▸ Bunte Staudenmischung

2 ▸ Goldgarbe (*Achillea filipendulina*)

3 ▸ Stauden bereichern ein Schnittblumenfeld nicht nur in der Blütezeit.

Stauden

Stauden sind der Joker unter den Schnittblumen für den eigenen Garten. Mit ihnen beginnt und endet das Erntejahr, sie gedeihen in den unterschiedlichsten Lebensräumen und geben jedem Strauß etwas Besonderes.

Viele uns bekannte Gartenblumen, Gräser und Kräuter gehören in die Gruppe der Stauden. Es sind mehrjährige, ausdauernde Pflanzen, deren oberirdische Pflanzenteile im Gegensatz zu Bäumen und Sträuchern nicht verholzen, sondern krautig weich sind. Im Gegensatz zu den Einjährigen und den Zweijährigen überdauern Stauden mehrere Jahre und blühen jedes Jahr erneut. Stauden überwintern je nach Art in Form von Wurzelspeicherorganen, die sich sowohl unter der Erdoberfläche als auch knapp darüber befinden können. Aus den Überwinterungsknospen treiben die Stauden in den folgenden Vegetationsperioden immer wieder aus.

Viele Stauden eignen sich sehr gut als Schnittblumen und geben jedem Strauß gleich einen besonderen Touch. Die große Artenvielfalt der Pflanzengruppe bedingt viele Einsatzmöglichkeiten. Farben- und Formenvielfalt der Blumen, Blätter und Triebe bieten gute Voraussetzungen für anspruchsvolle und interessante Arrangements.

Bei der Kultur dieser Pflanzen ist es wichtig, Standort und Wachstumsbedingungen wahrzunehmen und entsprechend zu handeln. Je besser wir die Bedürfnisse der Pflanze kennen, Boden, Licht und Wasser, umso gesünder und kräftiger wird sie wachen und umso eher wird sie uns mit erntefrischen

Stielen beschenken. Die Umgebung spielt eine große Rolle, da die Pflanzen mehrere Jahre an einem Platz bleiben.

Alle Stauden haben das Bedürfnis, sich auszubreiten. Sie verändern ihren Abstand zueinander, bis sie dicht zusammengewachsen sind. Das ist für uns positiv, vermindert sich so der Unkrautdruck. Damit sich die Pflanzen aber gut entwickeln können, ist bereits bei der Pflanzung der rechte Abstand wichtig. Es ist vorteilhaft, bei sich langsam entwickelnden Stauden (Pfingstrosen und Rittersporn zum Beispiel) rundherum kurzlebige Arten beziehungsweise Einjährige zu pflanzen, um die Lücken kurzweilig zu schließen. Grundsätzlich gilt: Wir verwenden im Schnittblumenbereich eher einen engeren Abstand als Gartengestalter:innen. Ungefährer Richtwert: 5–6 Pflanzen pro Quadratmeter.

Vorteile

Die große Artenvielfalt der Pflanzengruppe bedingt viele Einsatzmöglichkeiten. Ihr Wachstum an unterschiedlichsten Standorten ermöglicht Vielfalt in Gärten und Projekten. Es gibt viele Arten und Sorten. Je nach Region und Standort – für jedes Plätzchen gibt es besonders wertvolle Schätzchen.

Stauden eignen sich wunderbar für den biologischen Anbau und die Kultur von Schnittblumen. Passt der Standort, können viele Arten im Freiland mit sehr geringem Pflegeaufwand kultiviert werden. Die mehrjährigen Pflanzen bleiben an Ort und Stelle und bringen von Jahr zu Jahr mehr Blütenstiele für den Schnitt hervor.

Stauden können mit verschiedenen Methoden leicht selbst vermehrt werden: Saatgut, Teilung, Triebstecklinge.

3 ▸

Nachteile

Die Produktivität kann nicht mit einjährigen Sommerblumen mithalten. Oft dauert es auch Jahre, bis sich Stauden prächtig entwickeln und wirklich viele Stiele für den Schnitt produzieren. In der ersten Zeit kümmert sich die Pflanze vor allem um ihr Wurzelwachstum. Stauden produzieren meist erst nach 2–3 Jahren genug schöne Stiele zum Ernten. Dann können pro Pflanze etwa 2–3 Bund geschnitten werden. Von einjährigen Arten ernten wir auf der gleichen Grundfläche 30-mal so viele Stiele im ersten Jahr.

1 ▾

Ein Staudenbeet kann nicht oder nur schlecht maschinell bearbeitet werden, das ist von den Pflanzabständen abhängig. Ein Verfrühen und Verlängern der Blühdauer ist nur schwer möglich. Eine gute Möglichkeit ist der sogenannte *Chelsea Chop*, das Zurückstutzen mancher Pflanzen Ende Mai / Anfang Juni auf die halbe Wuchshöhe, nach dem Zeitpunkt der Chesea Flower Show im Frühling benannt. Die Ernte dieser Pflanzen wird dadurch nach hinten verschoben.

Jede Staude hat ihren natürlichen Blütezeitpunkt und ihren eigenen saisonalen Lebenszyklus. Die Beeinflussung des Erntezeitpunktes gelingt uns bei Stauden nur sehr bedingt. Eine Staffelung bei der Pflanzung und die Bestimmung des Blühzeitpunktes, wie wir sie aus dem Bereich der Einjährigen kennen, ist bei Stauden nicht möglich – außer natürlich mit Glashaustechnik, künstlicher Beleuchtung und Heizung. Wir empfehlen eine gute Auswahl an frühen, mittleren und späten Sorten einer bestimmten Art wie zum Beispiel bei Tulpen und Pfingstrosen.

Die Kultur

Die Planung von Staudenbeeten muss sorgfältig sein. Standortbedingungen und Pflanzabstände spielen eine große Rolle, da die Pflanzen mehrere Jahre an einem Platz bleiben. Nicht alle Arten und Sorten gedeihen auf unterschiedlichen Standorten gleich gut, regionale Unterschiede im Temperaturverlauf, Licht- und Wasserbedingungen sind zu beachten. Vor der Pflanzenwahl sollte der neue Standort kritisch beurteilt werden, um

2 ◂

3 ◂

1 ▸ Unterschiedliche Pfingstrosensorten blühen zu verschiedenen Zeitpunkten.

2 ▸ Pfingstrosen sind Luxus – aber den brauchen wir natürlich.

3 ▸ Sie zählen zu den teuersten Schnittblumen weltweit.

die Pflanzenkombinationen für den besten Standort auswählen zu können.

Bezüglich des Bodens bevorzugt die Mehrzahl der Stauden sandige Lehm- oder lehmige Sandböden. Da Stauden tief wurzeln und mehrere Jahre am gleichen Ort stehen, muss der Boden tiefgründig und unkrautfrei sein. Humusreiche Böden bieten gute Wachstumsvoraussetzungen. Verdichtete, staunässegefährdete Böden sind ungeeignet. Zur Pflanzung sollte ein feinkrümelig vorbereiteter Boden vorhanden sein. Das maßvolle Einarbeiten von Kompost oder Mist verbessert die Bodenstruktur und die Nährstoffbilanz.

Beim Pflanzen von Jungpflanzen gilt: Die Pflanzen werden so tief gesetzt, wie sie vorher gestanden haben. Zwiebeln und Knollen werden doppelt so hoch mit Erde bedeckt, als sie selber groß sind. Gesunde Pflanzen, auch Teilpflanzen, haben ein gut entwickeltes Wurzelsystem und 2–3 Triebknospen. Kräftiges Angießen schwemmt die Bodenteile dicht an die Wurzeln, sodass ein Bodenschluss erreicht wird.

Herbstblühende Stauden werden optimal im Frühjahr und frühjahrsblühende Stauden im Spätsommer und Herbst gepflanzt, um eine gute Pflanzenentwicklung bis zur Blüte zu sichern.

Blühstauden als Schnittblumen

Bei den Blühstauden interessieren Schnittstauden für das Freiland, die gut haltbar im Schnitt sind, ohne Winterschutz im Freiland kultiviert werden können, eine Mindesthöhe von 50–60 cm besitzen und Vielfalt, Flexibilität, Duft und Produktivität mitbringen.

1 ▸ Dahlienknollen – ein Blütenversprechen für die Sommermonate

2 ▸ Wer wollte auf diese Schönheiten schon verzichten?

Blumenzwiebeln und -knollen

Zwiebelpflanzen sind ein wesentlicher Bestandteil im Garten. Botanisch auch im Reich der Stauden zu finden, sind viele von ihnen ausgezeichnete Schnittblumen.

Von den ersten Frühlingsmonaten bis zum Frost blühen im Garten Zwiebelblumen, wenn das Sortiment sorgfältig gewählt wird. Dabei ist wichtig, über Blühzeitpunkt und Bedürfnisse der einzelnen Zwiebeln Bescheid zu wissen. Sie sind sehr platzsparend einzusetzen, da sie sich ihren Bereich mit spätblühenden Stauden und einjährigen Sommerblumen gut teilen können.

Für jedes Projekt, für jede Saison, für jeden Gartenboden gibt es die richtigen Blumenzwiebeln. Entscheidungen zur Kultur müssen je nach Vorliebe, nach Region, nach Überwinterungsmöglichkeit und maschinellen Einsatzmöglichkeiten individuell getroffen werden. Es gibt Frühlingszwiebeln, die im Herbst gepflanzt werden, sowie Sommerzwiebeln und Knollen für die Frühlingspflanzung.

Dahlien – die Königinnen unter den Stauden

Dahlien sind schon ein bisschen meine Lieblinge und ich bin überzeugt, ohne Dahlien funktioniert kein Schnittblumenprojekt. Keine andere Blume überzeugt mit dieser Auswahl an Farben, Formen und Größen. Von den kleinen Pompon-Sorten mit einem Durchmesser von gerade 3 cm bis zu den riesigen Dinnerplate-Sorten mit mehr als 30 cm Blütendurchmesser reicht die wunderbare Palette der lateinamerikanischen Schönheiten.

Es ist gut, im Vorfeld zu überlegen, welche Dahliensorten am besten zum individuellen Projekt passen. Möchte man schöne Sträuße für sich und Freunde binden? Werden große Arrangements für Hochzeiten gestaltet? Verkauft man bunte Blumen bundweise am Markt? Dahlien, besonders mit großen Blüten, können nur schlecht verpackt und über längere Strecken transportiert werden. Zu leicht quetscht man Blütenblätter und Köpfe. Neben der richtigen Sorten- und Farbauswahl für die einzelnen Projekte bestimmen auch Trends das Sortiment.

Schafgarbe

ACHILLEA

Pflegeleicht, insektenfreundlich, heilsam und gegen Trockenheit gewappnet: Die Schafgarbe ist ein echter Liebling.

Die mehrjährige Wiesenschafgarbe *(Achillea millefolium)* ist eine bekannte heimische Pflanze, die wir oft am Wegrand finden. Die sehr wüchsige gelb blühende Goldgarbe *(Achillea filipendulina)* schmückt unseren Garten. Aus der Wildstaude sind mittlerweile viele Sorten hervorgegangen. Die vielfältigen Züchtungen punkten mit Blüten in Gelb-, Rosa-, Rot- und Orangetönen, die mal pastellig, mal knallig daherkommen. Manche Varianten sind sogar zweifarbig, das heißt, sie wechseln während der Blütezeit die Farbe: die *Achillea-millefolium*-Züchtungen 'Kirschkönigin' (purpurrot-rosa), 'Belle Epoque' (hellrotrosa) oder 'Terracotta' (gelb-orange) zum Beispiel.

ANBAUEN

Aussaat von März bis Juni

Werden Schafgarben am richtigen Platz gepflanzt, sind sie sehr pflegeleicht. Schafgarben mögen Standorte in der vollen Sonne. Staunässe gilt es zu vermeiden. Trockenphasen machen den Stauden dagegen nichts aus. Sie müssen auch nicht regelmäßig gedüngt werden.

ERNTEN

Juni bis Oktober

Die Blüten sollen voll geöffnet und der Stängel soll ausgereift sein.

VERWENDEN

Frisch geschnitten erfreuen sie durch außerordentliche Haltbarkeit und getrocknet behalten sie ihre Farben wunderbar über viele Monate.

Blüten und Blätter der Schafgarbe sind roh essbar. Sie schmecken leicht bitter. Junge, noch zarte Blätter der Wiesenschafgarbe verfeinern Kräutersalz, Salate oder Suppen. Dabei entfalten sie ihre appetitanregende und verdauungsfördernde Wirkung. Die Blüten sind ebenfalls essbar und eignen sich gut als Dekoration.

Akelei

AQUILEGIA

Diese heimische Wildblume aus der Familie der Hahnenfußgewächse ist eine gute und vielseitige Schnittblume. Die Akelei begeistert mit sehr vielen unterschiedlichen Farben und Farbzusammenstellungen. Die ganze Sommersaison über sind auch die Blätter der Pflanze eine schöne Bereicherung eines Sortiments.

Es gibt zahlreiche Hybriden, die gut für den Schnitt geeignet sind. Besonders empfehlenswert ist die Rocky-Mountains-Akelei *(Aquilegia caerulea)*. Die nordamerikanischen Akeleisorten sorgen für viel Farbe in der Palette. Die Gold-Akelei *(A. chrysantha)* besticht durch besonders auffällige lange Sporne. Die Spornlose Akelei (*A. vulgaris* var. *stellata* 'Black Barlow') ist eine dunkelviolette, gefüllte Form.

ANBAUEN

Aussaat von März bis Juni

Die verschiedenen Arten der Akeleien sind mehrjährig und als robuste Pflanzen bekannt. Sie wachsen in der Natur bevorzugt an freien Stellen im Wald und in lichten Gebüschen. Im Beet mögen sie gut drainierte Böden. So wüchsig und verwilderungsfreudig diese Pflanzen sind, werden sie oft nicht alt. Wenn man die zierenden Samenstände an den Pflanzen belässt, säen sie sich gut selbst aus, vermehren sich und bevölkern den ganzen Garten, ohne lästig zu werden. Wenn die verblühten Blütenstände entfernt werden, gibt es in der Regel eine Nachblüte im Herbst.

ERNTEN

Mai, Juni

Man schneidet die frischen Blüten als Schnittblumen, wenn sich die erste Knospe am Stiel gerade öffnet. So geschnittene Akeleien blühen im Strauß auf und halten etwa 5–7 Tage.

VERWENDEN

Die frischen Blüten verleihen jeder Gestaltung Natürlichkeit und Leichtigkeit. Die Waldstaude bringt auch sehr schöne grüne Samenstände hervor, die mit ihrer interessanten Form viele Werkstücke bereichern. Auch die Blätter der Pflanze sind das ganze Jahr hindurch attraktiv und vielseitig verwendbar.

Lupine

LUPINUS

Lupinus-Arten sind meist mehrjährige krautige Pflanzen mit Wuchshöhen von bis zu 1 m. Insgesamt umfasst die Gattung etwa 200 verschiedene Arten. Ursprünglich stammt die Lupine aus Nordamerika. Anfang des 19. Jahrhunderts wurde sie in Europa eingeführt und wächst seitdem auch bei uns als Wildstaude. Es gibt sowohl mehrjährige als auch einjährige Arten.

Bei uns im Garten wachsen überwiegend Zuchtformen der mehrjährigen Stauden-Lupine *Lupinus polyphyllus*.

Die Blumen überzeugen durch schnelles Wachstum, eine auffällige, vom Frühsommer bis in den August anhaltende Blüte und eine schöne Form. Die Vielfalt der zahlreichen Sorten bringt Farbenreichtum in den Schnittblumengarten.

ANBAUEN

Aussaat von März bis Juni

Ihre volle Wirkung in Wuchsform und Farbintensität entfalten Lupinen an offenen, sonnigen Standorten. An schattigeren Plätzen kümmern sie oft und die Blühwilligkeit lässt nach. Lupinen wachsen in jedem nicht zu nährstoffreichen, kalkarmen Boden. Ist der Boden jedoch zu kalkhaltig, werden die Blätter gelb. Staunässe vertragen Lupinen nicht, das weiß ich aus leidvoller Erfahrung. Ideal ist ein gut durchlüfteter, mittelschwerer bis leichter Boden.

ERNTEN

Mai, Juni

Die Rispenblüten schneiden wir, sobald das untere Drittel erblüht ist.

VERWENDEN

Neben den attraktiven frischen Blütenstielen besitzt die Pflanze auch hübsches Blattwerk, das in vielen Arrangements schön zur Wirkung kommt.

Pfingstrose

PAEONIA

Pfingstrosen sind kostbare Prachtstauden im Frühling und die teuersten selbst zu kultivierenden Schnittstauden. Je nach Art und Sorte erfreuen sie uns mit ihrem Duft und ihren wunderbaren Blüten von Mai bis Juni. Wir empfehlen, mehrere Sorten zu pflanzen, solche mit früher, mit mittlerer und mit später Blütezeit, um eine möglichst lange Blühperiode zu garantieren.

ERNTEN

Mai, Juni
Das Laub der Pfingstrosen sollte nie im Ganzen mit der Blüte abgeschnitten werden. Die Pflanze sammelt durch das Laub Kraft fürs neue Jahr und würde durch einen radikalen Schnitt bis zum Boden einer wertvollen Kraftquelle beraubt.

Alle Pfingstrosen werden knospig im sogenannten *Marshmallow*-Stadium geschnitten: Die Knospen zeigen Farbe und geben auf Druck leicht nach. Noch harte Knospen, also zu früh geschnittene Blüten, blühen im Wasser nicht oder nicht gut auf.

ANBAUEN

Pflanzung am besten im Herbst
Bis die Staude schnittreif ist, vergehen Jahre, Pfingstrosen gehören nicht zu den schnell produktiven Sorten in unserem Schnittblumengarten. Wenn sie sich jedoch einmal etabliert haben, erfreuen sie uns jahrzehntelang.

Bei der Pflanzung ist darauf zu achten, dass Staudenpäonien nicht zu tief gepflanzt werden, da sie sonst schlecht oder gar nicht blühen. Die Augen der Pflanze liegen maximal 2–3 cm tief in der Erde. Daher ist es auch am besten, gar nicht oder nur vorsichtig zu mulchen.

Pfingstrosen lieben die volle Sonne. Der Boden sollte nährstoffreich sein. Stehen die Pflanzen zu dicht und ist das Frühjahr feucht, sind sie anfällig für Krankheiten. Wichtig ist, dass die Blätter der Pflanze immer wieder abtrocknen können und dass die Bestände schön luftig bleiben.

VERWENDEN

In der Vase halten sich Pfingstrosen gut, haben aber einen hohen Flüssigkeitsverbrauch. Pfingstrosenblüten können auch gut getrocknet werden und bescheren uns im Winter noch Luxusmomente.

Lenzrose und Schneerose

HELLEBORUS-ARTEN

Die Schneerose ist eine besondere Schnittblume. Sie war lange Zeit die erste geerntete Schnittblume der Saison aus meinem Garten. Die Gattung der Nieswurze, also Christ-, Schnee- und Lenzrosen, präsentiert sich mit einer beachtlichen Farben- und Formenpalette.

Für das Schnittblumenbeet sind außer den bekannten Garten- und Wildarten *Helleborus niger*, *Helleborus foetidus*, *Helleborus × hybridus* besonders *Helleborus-Orientalis*-Hybriden eine wichtige Gruppe: Es handelt sich um äußerst langlebige und robuste Stauden.

Die Farbabstufungen der ab Februar erstrahlenden Blüten reichen von Weiß und Creme über Rosa bis Purpur, im Blüteninnern oft mit wirkungsvoller Zeichnung. Nach einigen Wochen verfärben die Blüten in Grün- oder Rottöne und sind noch lange Zeit attraktiv und sehr gut zum Schneiden geeignet.

ANBAUEN

Pflanzung am besten im Herbst

Schneerosen lieben ungestörte kalkhaltige Standorte im lichten Gehölzschatten. Erst nach etwa 2–3 Jahren am Standort ist die Staude so weit, dass erste Stiele der Blüte geschnitten werden können. Hat sich die Schneerose etabliert, können jedes Jahr im Vorfrühling an die sechs Blütenstiele pro Pflanze geerntet werden.

Einmal im Garten gepflanzt, versamen sich besonders die **Helleborus-Orientalis-**Hybriden gerne. Die Sämlinge sind selten identisch mit den Eltern, sie spielen vielmehr in verschiedenen Farbnuancen.

ERNTEN

März, April

Die Schneerosen dürfen erst geschnitten werden, wenn sie reif sind: Die Blüten zeigen keine Staubfäden mehr, man sieht bereits die angelegten Samenstände in der Blüte.

Spalten und Abkochen der Stielenden verlängern die Haltbarkeit von Schneerosen.

VERWENDEN

Die Blumen halten richtig geerntet in der Vase bis zu zehn Tage.

Narzisse

NARCISSUS

Beim Anblick der dottergelben Frühblüher kommt Freude auf – der Frühling ist da!

Wie schön ist der Anblick von gelben Narzissen nach einem langen Winter. Narzissen werden auch Osterglocken genannt, sie gelten als Symbol für die Überwindung von Dunkelheit und Tod, für die Wiedergeburt nach dem Winter.

Wir können aus 25 000 verschiedenen Züchtungen wählen, aber besonders die duftenden Sorten sind sehr beliebt und versüßen uns die Frühlingsmonate.

Wir kultivieren etwa 100 Arten und Sorten Narzissen, einfarbig und zweifarbig, gefüllt und ungefüllt, mit Einzelblüten oder im Büschel, von Weiß über Rosa, Pfirsich und Creme, Hellgelb, Dottergelb bis Orange.

ANBAUEN

September, Oktober

Wir empfehlen eine Sortenauswahl mit unterschiedlichen Blühzeitpunkten, um die Blühperiode von Februar bis April auszudehnen.

Schaut man sich den natürlichen Standort der Narzisse an, kann man Rückschlüsse auf einen optimalen Platz im Garten ziehen. Im Gegensatz zu anderen Zwiebelpflanzen fühlen sich Narzissen auf Wiesen, die im Frühjahr feucht sind, wohl.

Ein erster Vorteil der Narzissenzwiebel gegenüber der Tulpenzwiebel ist ihre Giftigkeit. Das wissen die Wühlmäuse wohl und machen um die Schönen einen großen Bogen.

ERNTEN

März bis Mai

Die Blüten zeigen Farbe, die Knospen sind jedoch noch geschlossen oder beginnen, sich gerade zu öffnen: Das sind die Anzeichen dafür, dass die Narzissen geerntet werden können.

Kommen wir zum zweiten Vorteil: Im Gegensatz zu Tulpen gelten Narzissen als nachhaltige Schnittblumen, da wir immer nur die Blütenstiele ernten und die Blätter an der Pflanze bleiben. Das funktioniert beim Schnitt von Tulpen nicht. Die verbleibenden Blätter trocknen mit der Zeit und leiten alle Sonnenenergie zurück in die Zwiebel. Somit ist genug Kraft in der Pflanze vorhanden, um auch im nächsten Jahr wieder wunderbar blühen zu können. Tulpen können als Schnittpflanze leider nur einjährig kultiviert werden.

VERWENDEN

In der Vase halten die Blüten bis zu sechs Tage. Aber Vorsicht: Narzissen scheiden aus den geschnittenen Stielen Pflanzensaft aus, der die Haltbarkeit anderer Schnittblumen stark verkürzt und auch auf unserer Haut unangenehm werden kann.

Wir stellen die Frühlingsblüher für ein paar Stunden in ein separates Gefäß, damit sie »ausschleimen«. Danach können sie ohne Neuanschnitt gemeinsam mit anderen Zutaten verarbeitet werden.

Tulpe

TULIPA

Was wäre ein Frühling ohne Tulpen?

Die Tulpen gehören zu den Liliengewächsen und stammen ursprünglich aus dem Mittleren Osten und Zentralasien. Im 16. Jahrhundert gelangte die Tulpe aus ihrer Heimat nach Europa.

Unzählige Arten, Farben und Formen finden sich in den Pflanzenkatalogen. Inzwischen gibt es über 4000 Sorten der schönen Frühlingsbotin. Gartentulpen werden nach Blühzeitpunkt in frühe oder späte Sorten eingeteilt und nach ihrer Form, einfach, doppelt, gefüllt, als Lilientulpen oder Papageientulpen klassifiziert. Für den Schnittblumengarten sind die sehr frühen Sorten interessant, aber auch langstielige Sorten und besonders seltene Arten in ausgefallenen Farben.

ERNTEN

März bis Mai
Wir ernten die Stiele, wenn die Hälfte der Blüten Farbe zeigt. Die Stiele wachsen bis zu 24 Stunden nach dem Schnitt weiter und strecken sich dem Licht entgegen.

VERWENDEN

Für eine kurze Lagerzeit bis zur Verarbeitung hat es sich bewährt, den Bund Tulpen streng mit Zeitungspapier zu umwickeln und gut zu kühlen.

ANBAUEN

Pflanzung der Zwiebel ab September
Die Pflanzen stellen keine großen Ansprüche an den Standort und an die Bodenverhältnisse. Am besten gedeihen Tulpen auf durchlässigen, eher trockenen Böden in voller Sonne. Gepflanzt wird im Herbst im Abstand von etwa 10 cm. Achtung vor den Wühlmäusen!

Wie auch Narzissen benötigen Tulpen eine bestimmte Wärme- und Kälteperiode innerhalb eines Jahres. Sommerwärme ist wichtig für die Blütenbildung. Die Pflanze braucht aber auch eine ausreichende Kälteperiode unter anderem für das Längenwachstum der Stiele. In Regionen mit warmen Wintermonaten sind die Tulpenstiele kürzer als in Gebieten mit langen kalten Wintern.

Tulpen sind den mehrjährigen Blumen zuzurechnen, aber die meisten Sorten werden im Schnittblumengarten nur einjährig kultiviert, da im zweiten Standjahr mit keiner Blüte mehr zu rechnen ist.

Zierlauch

ALLIUM

Zierlauch gehört mit seinen Blütenbällen auf kräftigen Stielen zu den imposanten und wirkungsvollen Zwiebelblühern. Die Farbpalette reicht von Weiß über Zartrosa und Gelb bis zu tiefem Violett oder Blau. Leicht zu kultivieren und nicht sehr kostenintensiv in der Anschaffung, ist der Zierlauch eine wichtige Zwiebelpflanze im Schnittblumengarten.

Es gibt mehr als 800 Arten, alle in schönen Farben und grafisch interessanten Formen. Alle Arten und Sorten sind sehr gut haltbare und interessante Schnittblumen in schöner Länge. Der Sternkugellauch *(Allium christophii)* fällt durch seine sternförmigen Einzelblüten auf. Hohe Formen wie Iranlauch *(Allium aflatunense)*, Purpurlauch *(Allium atropurpureum)* und *Allium schubertii* tragen die Blüten auf besonders langen Stielen. Mit kornblumenblauen Blüten besticht *Allium caeruleum*.

ANBAUEN

Pflanzung der Zwiebel ab September

Die Pflanzen bevorzugen sonnige, trockene Lagen. Alle *Allium*-Arten zeichnen sich durch eine Besonderheit aus: Ihr Laub beginnt bereits während der Blüte zu vergilben und zieht sich ein. Ein guter Gartenplatz ist deshalb zwischen herbstblühenden Stauden, die die Freifläche im Laufe des Sommers überdecken.

Im Herbst gepflanzt, blüht der Zierlauch ab Ende April. Es gibt auch Arten, die im Spätsommer und im Herbst blühen wie *Allium spirale*.

ERNTEN

Mai, Juni

Geschnitten wird, wenn die ersten Blüten der Dolden offen sind.

VERWENDEN

Zierlauch hält in der Vase 10–12 Tage. Der schöne Samenstand aller *Allium*-Arten kann frisch oder getrocknet gut verwendet werden. Als trockene Blütenkugel oder auch zerlegt in kleine Blütchen sind sie interessante Zutaten für Herbstwerkstücke.

Die kleinen frischen Blütchen sind, wie wir es auch von Schnittlauchblüten kennen, essbar und schmecken etwas würzig scharf.

Dahlie

DAHLIA

ANBAUEN

Dahlien bevorzugen einen sehr sonnigen Standort. Im Schatten entwickeln sie zwar sehr starke Stängel, aber nur schwache Blüten. Ein windgeschützter Platz ist ideal.

Die Pflanzen benötigen nicht sehr viel Wasser, sie vertragen Trockenheit hervorragend. Auf zu viel Nässe reagieren sie hingegen beleidigt. Die letzten regenreichen Sommer und unsere schweren Böden waren für unsere Dahlien eine wirkliche Herausforderung.

Dahlien sind Knollengewächse, sie sind in unseren Regionen leider nicht winterhart. Die Knollen überdauern die kalten Monate in einem kühlen, frostfreien Lager. Wir wecken unsere Dahlien ab März sanft aus ihrem Winterschlaf. Die Temperaturen steigen und die Knollen dürfen etwas ans Licht, werden gesichtet und sortiert.

Dahlien können durch Teilung, Aussaat oder Stecklinge vermehrt werden. Die Knollen können vor dem Pflanzen einfach geteilt werden. Bei der Teilung von Knollen ist darauf zu achten, dass alle Teile bereits Knospen oder Triebansätze am Wurzelhals tragen. Nur so können die Teilstücke zu neuen Pflanzen heranwachsen.

Will man eine Dahlie in größerer Anzahl vermehren, genügt eine Teilung der Knollen nicht. In diesem Falle greifen wir zur Stecklingsvermehrung: Bereits im Februar werden die ausgewählten Knollen so in Töpfe gepflanzt, dass der obere Teil unbedeckt bleibt. Man gießt und stellt sie warm, zum Beispiel auf die Fensterbank. Nach einigen Wochen haben sie eine Reihe von Trieben gebildet. Bei etwa 10 cm Länge schneidet man sie direkt über der Knolle ab und pflanzt die Stecklinge in Töpfe mit Anzuchterde. Wir empfehlen, die Töpfe mit Plastik abzudecken. Wenn alles gut geht, haben die Stecklinge nach etwa vier Wochen Wurzeln gebildet. Die Triebspitzen kürzt man ein, damit sie sich gut verzweigen. Nach den Eisheiligen können die jungen Pflanzen ins Freiland ausgepflanzt werden.

Ab Mitte April beginnt die Pflanzzeit. Etwa vier Wochen vor dem letzten Frost, aber bei bereits erwärmtem Boden, können sie in die Erde. Manche Dahlienspezialist:innen schwören darauf, dass die Pflanzen

besser austreiben und wachsen, wenn die Knollen vor dem Pflanzen zwei Tage im Wasser gelegen haben. Viele treiben die Knollen auch im Warmen vor.

Im Abstand von etwa 50 cm werden die Knollen verlegt. Die Dahlien sollten auf keinen Fall zu tief eingesetzt werden. Sie werden nur gut 5 cm dick mit Erde bedeckt, damit sich die Triebe nicht nach oben quälen müssen.

Dahlien werden je nach Sorte und Standort bis zu 1,70 m hoch und brauchen eine stabile Stütze oder Netze. Da wir unsere Freiland-Dahlien nicht extra füttern und gießen, haben sie kein verwöhntes Leben und bleiben niedriger. Aber das reicht für die Kultur der schönsten Schnittblumen, und wir ersparen uns das Aufbinden der Stiele.

ERNTEN

Juli bis Oktober

Dahlien sind Langtagpflanzen. Sie blühen erst, wenn die Tage länger als zwölf Stunden dauern. Sie blühen von Juli bis zum ersten Frost ununterbrochen, wenn sie fleißig geerntet werden. Setzen sie einmal Samen an, wird das Kommando in die Wurzeln geschickt: Auftrag erfüllt! Für die aktuelle Saison stellen sie dann das Blühen ein. Wir ernten unsere Dahlien alle 3–4 Tage, Verblühtes wird entfernt.

Die Blüten der Dahlien sollten nicht zu knospig geschnitten werden, sie blühen in der Vase nicht weiter auf. Wenn etwa drei Viertel der Blüte offen sind, ist der ideale Schnittzeitpunkt erreicht. Die Haltbarkeit von Dahlien kann durch kurzes Stellen in heißes Wasser verlängert werden.

VERWENDEN

In der Vase stehen die Blütenstiele gerne in nicht zu tiefem Wasser. Dahlien gehören nicht zu den am längsten haltbaren Schnittblumen. Das macht jedoch nichts. Trotzdem lieben wir sie aufgrund ihrer prachtvollen Schönheit, ihrer großen Vielfalt und ihrer langen Blütezeit.

Dahlien lassen sich auch sehr gut trocknen: Das geschieht Kopf an Kopf in einer Schachtel auf einer Lage Papier oder im Bund kopfüber hängend in dunklen, warmen Räumen.

Sträucher und Bäume

Zweige von Sträuchern und Bäumen bereichern Sträuße mit interessant geformten Ästen, frischen grünen Blättern, dekorativen Früchten oder buntem Herbstlaub. Zweige können zum natürlichen Blütezeitpunkt frisch geschnitten werden, eignen sich aber auch sehr gut zum Vortreiben im Winter. Haben sich die Pflanzen etabliert, beschenken sie uns über die Jahre mit hohen Erträgen bei relativ geringem Kultur- und Zeitaufwand.

1▾

Im Winter brauchen wir geeignete immergrüne Laub- und Nadelzweige. Wir sind stolz auf ein möglichst reichhaltiges Sortiment treibfähiger Blütensträucher. Treiben bezeichnet in diesem Zusammenhang das Schneiden und Vortreiben von Zweigen in den Wintermonaten. Forsythienblüten im Februar sind eine wahre Freude!

Wir schneiden Zweige von Sträuchern und Bäumen mit besonderer Farbe und Struktur der Rinde. Wir suchen nach gedrehten und verwachsenen Bewegungen und ernten weiche einjährige Triebe und Ranken.

Wir genießen den jahreszeitlichen Wechsel von Blüten und Blättern in Grün oder mit wunderbarer Herbstfärbung und freuen uns über die reiche Ernte an Samen, Früchten, Beeren und Zapfen.

Bei der Pflanzung von Sträuchern und Bäumen für das Schnittblumenprojekt handelt es sich um eine Langzeitinvestition. Die erste Ernte und die ersten Erträge sind erst nach einigen Jahren zu erwarten. Leider sind auch relativ hohe Investitionskosten beim Kauf von größeren Pflanzen zu kalkulieren.

Das ganze Jahr hindurch gehören Gehölze zur Grundausstattung des Gartens. Die drei beliebtesten Sträucher sind Rose, Flieder und Hortensie.

2 ◂

Blüten im Winter – Wie funktioniert das Vortreiben von Zweigen?

Alle Zweige müssen vor dem Schnitt einige Tage Frost abbekommen haben. Die frisch geschnittenen Zweige stehen für etwa 10–14 Tage im Wasser. Wichtig ist eine ausreichend hohe Luftfeuchtigkeit, am besten gelingt das Vortreiben daher in einem Treibraum. Alternativ müssen die Zweige täglich besprüht werden. Die Zweige sollten an einem ruhigen Ort ohne Durchzug stehen. Je früher im Jahr die Zweige geschnitten werden, desto größer soll der jeweilige Ast gewählt werden. Das Treibergebnis hängt wesentlich vom im Holz gespeicherten Nährstoffen wie Zucker ab. Der Ast steht zum Verfrühen im Wasser und wird erst später geteilt, dann werden die Teile frisch angeschnitten.

Die getriebenen oder verfrühten Gehölze können erst dann aus dem möglichst feuchten Treibraum in die geheizte Wohnung umziehen, wenn die Blüten Farbe zeigen. Sie müssen noch einmal frisch angeschnitten oder gespalten werden und stehen gerne im frischen Wasser. Beachtet man diese Kriterien, wird man sehr lange Freude an den Blütenzweigen haben. Empfehlenswerte Gattungen und Arten:

Japanische Zierquitte *(Chaenomeles japonica)*: Vortreiben ab Anfang Dezember möglich. Die Blütenzweige sind sehr haltbar.

Die **Forsythie** *(Forsythia)* ist ab Dezember treibbar und sehr unkompliziert.

Alle Arten des **Spierstrauches** *(Spirea)* und der **Pfeifenstrauch** *(Philadelphus)* sowie andere Frühlingssträucher eignen sich gut für das Vortreiben.

Die **Kornelkirsche** *(Cornus mas)* blüht überreich und besonders früh oft schon ab Februar bis März. Die Zweige aller Hartriegel eignen sich sehr gut zum Vortreiben. Die Blüten erscheinen nach etwa 14 Tagen.

Zieräpfel *(Malus)* und Zierkirschen, Zierpflaumen und Ziermandeln aus der Gattung *Prunus*. Mandelbäumchen und Blütenkirsche können ab Mitte Dezember zum Treiben geschnitten werden. Bei allen *Prunus*-Arten ist ein Warmwasserbad der Zweige für ein gutes Ergebnis empfohlen.

1 ▸ Vorgetriebene Zweige erfreuen mit Blüten im Winter.

2 ▸ Die Blüten erblühen ohne Blätter an kahlen Ästen.

Rose

ROSA

Die Königin der Blumen wird gleichermaßen für ihre Blüten und Früchte geschätzt. Duftende Rosensorten, Kletterrosen und alle Gartenrosen, deren Stiele sich schwer unter der Last der Blüten biegen, beeindrucken uns auf eine wunderbare Art und Weise. Man kann sie nicht vergleichen mit den Industrierosen auf ihren holzig geraden Stängeln, die weder duften noch voll aufblühen.

Für den Schnitt sind duftende Sorten mit interessanten Blüten zu empfehlen. Die Auswahl an Arten und Sorten ist endlos. Bei Rosen ist eine sehr lange Ernteperiode möglich, wenn man die Sortenwahl von Frühblühern und später blühenden Sorten klug trifft.

ANBAUEN

Pflanzung am besten im Herbst
Rosen lieben warme Tage, kühle Nächte und einen sonnigen, nährstoffreichen und luftigen Standort. Bei der Sortenauswahl für den eigenen Garten und Betrieb sind die genaue Lage des jeweiligen Standortes und die damit gegebenen klimatischen Bedingungen und Bodenverhältnisse zu beachten. Nicht jede Sorte kann ohne Bedenken an allen Standorten und unter allen lokalen Klimabedingungen kultiviert werden.

ERNTEN

Mai bis Oktober
Beim Schnitt sollten Gartenrosen keine ganz festen Knospen mehr und noch keine ganz geöffneten Blütenköpfe haben. So erfreuen sie uns einige Tage in der Vase.

VERWENDEN

Geschnittene Freilandrosen halten oft nur wenige Tage in der Vase. Die frischen duftenden Blüten sind für Sommerfeste und Hochzeiten trotzdem eine wunderbare Zutat.

Selbst gesammelte Rosenblütenblätter, die getrocknet werden können, bringen Schwung in die Küche und erfreuen uns auch noch in den Wintermonaten.

Hagebuttenzweige verlängern die Saison und erfreuen mit ihren Früchten nicht nur uns, sondern auch die Wildtiere.

Flieder

SYRINGA

Kein Frühling ohne den Duft von Flieder! Schon im Mittelalter fand der Flieder in Bauerngärten Mitteleuropas ein Zuhause. Weißer Flieder oder Flieder in Rosa bis Dunkelviolett, ungefüllt oder doppelt gefüllt – es gibt mehr als 2000 Arten und Sorten von Flieder weltweit. Die Kreuzung mit spätblühenden Arten hat die Gruppe der Juni-Flieder entstehen lassen, die im Vergleich zur ursprünglichen Form 2–4 Wochen später bis zum Sommerbeginn blühen. Alle Arten und Sorten eignen sich sehr gut für den Schnitt.

ANBAUEN

Pflanzung am besten im Herbst
Flieder gedeiht in jedem Gartenboden. Der Standort sollte nicht zu feucht und kühl sein, dort setzt die Pflanze nur schlecht Knospen an. Sonnig-steinige Hänge mit guter Humusauflage entsprechen seinem Wildstandort und sind deshalb ideal.

ERNTEN

Mai
Flieder schneidet man am frühen Morgen, wenn zwei Drittel der Rispenblüten bereits geöffnet sind. Nach dem Entfernen der Blätter wird der Stiel sehr schräg geschnitten. Man spaltet die Sprossachse, gibt die Stiele in warmes Wasser und stellt sie an einen kühlen Ort.

VERWENDEN

Zur rechten Zeit geerntet und gut versorgt ist Flieder sehr gut haltbar. Fliederblüten sind in Maßen essbar und verschönern Desserts und Kuchen.

Hortensie

HYDRANGEA

Hortensien gehören zum Sommer. Sie eignen sich frisch geschnitten für kleine und große Arrangements oder zum Trocknen für die schönsten Kränze und Werkstücke in den Herbstmonaten.

VERWENDEN

Hortensien blühen über einen langen Zeitraum, sind vielseitig, frisch oder getrocknet zu verwenden. Frisch in Sträußen und Arrangements schmücken die prachtvollen Blüten jeden Tisch. Hortensienkränze und gemischte Herbstwerkstücke fertigt man gleich nach der Ernte frisch. Die Blüten trocknen dann in ihrer Form im fertigen Werkstück.

ANBAUEN

Pflanzung am besten im frühen Herbst und Frühling
Hortensien sind leicht zu kultivieren, wenn die richtigen Sorten gewählt und der richtige Standort gefunden wurde und wenn man den Boden und entsprechende Lichtverhältnisse beachtet: Nachmittagsschatten, sauren, frischen Gartenboden und ausreichend Wasser.

ERNTEN

Juli bis September
Die frischen Blüten der Hortensie welken oft schnell. Hortensien darf man nicht zu früh schneiden. Die Blüten müssen reif sein. Der richtige Schnittzeitpunkt kommt, wenn sich die Blüten bereits verfärben. Am besten schneidet man morgens. Die Blüten sollen sofort nach dem Schnitt bis zum Hals in kaltes Wasser kommen und dort auch über Nacht bleiben.

Hortensien zum Trocknen schneiden wir ab August. Die Blüten müssen sich papierartig fest anfühlen, um gut zu halten.

Weitere Sträucher und Bäume

FÜR DEN START EINES SCHNITTBLUMENPROJEKTES

Der Herbst ist die wichtigste Pflanzzeit für Gehölze jeder Art. Meist sind diese Monate feucht und man spart sich das wochenlange Wässern der neuen Pflanzen. Natürlich ist auch hier auf gute, passende Bodenverhältnisse zu achten. Wir halten größere Pflanzabstände ein und stützen und schützen die jungen Bäumchen vor Wind und Tier. Die Anlage eines Strauchquartiers ist eine lohnende, jedoch auf Jahre hin geplante Tat. Ein chinesisches Sprichwort sagt: »Die beste Zeit, um einen Baum zu pflanzen, war vor 20 Jahren. Die zweitbeste Zeit ist jetzt.«

PERÜCKENSTRAUCH (*Cotinus*)

Blätter und Blütenstand dieses kleinen dekorativen Strauches sind für uns interessant. Es gibt unterschiedlich farbige Sorten, die Blätter verfärben sich außerdem im Herbst nochmals in schönen Nuancen. Die Pflanze ist anspruchslos, verlangt keinen besonderen Boden und ist gut schnittverträglich.

BLASENSPIERE (*Physocarpus*)

Diese wüchsigen Sträucher bereichern unser Sortiment mit frischen Blättern in Gelbgrün, Grün oder Rot. Sie blühen recht unscheinbar, aber sie schmücken sich bereits in den Sommermonaten mit schönen Fruchtständen, die wir gut für unsere Werkstücke brauchen können.

HARTRIEGEL (*Cornus*)

In dieser Gattung finden wir alles: schöne Färbung der Rinde im Winter, Blätter und Blüten im Frühling und Sommer, Früchte im Herbst. Für alle Zutaten gibt es empfehlenswerte Arten und Sorten.

Schöne Färbung der Zweige in Rot: *Cornus sanguinea* 'Midwinter Fire', *Cornus alba* 'Elegantissima' und C. *sibirica* 'Variegata', *Cornus alba* 'Kesselringii' – mit rotschwarzer Rinde. In Goldgelb: *Cornus sericea* 'Flaviramea' und 'Bud's Yellow'.

Die amerikanischen und ostasiatischen Blumenhartriegel *Cornus florida* und *Cornus kousa* zählen zu den wertvollsten Blütengehölzen. Ihre Hauptblütezeit ist Mai bis Juni. Sie eignen sich aber auch hervorragend zum Vortreiben von Blüten auf kahlen Zweigen in den Wintermonaten.

Im Sommer und im Herbst schneidet man von Hartriegel, auch von der heimischen Wildart, Blätter und Früchte, im Winter ist die Zeit für die Zweigernte.

SCHNEEBALL (*Viburnum*)

Wir ernten Blüten, Blätter und Beeren. Neben den beiden heimischen Arten *Viburnum lantana* und *Viburnum opulus* sind die vielen reichblühenden, duftenden und reichfruchtenden Arten für den Garten zu empfehlen. Guter humusreicher Boden und ausreichend Feuchtigkeit fördern reichen Blüten- und Fruchtansatz der sonst recht genügsamen Sträucher. Besonders ans Herz gelegt werden die immergrünen Arten und Sorten wie *Viburnum* 'Pragense' und *Viburnum rhytidophylloides* und der Winter-Duftschneeball (*Viburnum farreri*), der bereits im Winter Blüten schenkt.

WEIDE (*Salix*)

Weiden verlängern die Saison. Wir können bereits im Winter und Vorfrühling Zweige schneiden. Frisch oder auch getrocknet sind sie vielseitig einsetzbar. Weiden sind leicht aus Steckhölzern zu kultivieren, wachsen schnell und vertragen auch Staunässe sehr gut.

Weiden bereichern unsere Wintermonate mit farbiger Rinde und besonderer Form. Sobald im Spätherbst die Blätter fallen, schneidet man die frischen einjährigen Zweige und verarbeitet sie in den nächsten Wochen – *Salix matsudana*, *Salix udensis* 'Sekka', *Salix alba* 'Snake'. Zum Winden und zum Gestalten von Pflanzstützen eignen sich die Korbweide (*Salix viminalis*), die Silberweide (*Salix alba*) und die Purpurweide (*Salix purpurea*), aber auch Wildarten.

Zum Jahreskreis – in den Frühling und zur Osterzeit – gehören Weidenzweige mit Palmkatzerl, die Salweide, *Salix discolor*, S. *caprea* und S. *acutifolia*.

BUCHS (*Buxus*)

Die immergrünen, dicht verzweigten Sträucher mit den kleinen rundlichen Blättern werden schon seit langer Zeit für Gartenanlagen und kreative Gestaltungen genutzt. In den letzten Jahren ist die Kultur von Buchs im Biogarten durch einen Schädling etwas mühsam.

STECHPALME (*Ilex*)

Die Stechpalme mit ihren immergrünen, stachelig gelappten Blättern wächst langsam als Großstrauch. Es gibt Sorten mit schön gemusterten Blättern, mit und ohne Beeren. *Ilex* ist sehr gut winterhart und gut schnittverträglich.

»Grüne Werkstücke aus Blättern und Gräsern lenken das Auge auf die unterschiedlichen Grünschattierungen und Texturen der vielfältigen Zutaten.«

Stängel und Blätter

Blätter und Zweige sind unerlässlich für unsere Arbeit. Sie liefern Form, Halt und Substanz für unsere Arrangements. Sie als bloßes Beiwerk abzutun, zeugt von wenig Gefühl und Verständnis für Gestaltung.

1 ◂

Werkstücke nur aus Zweigen, Gräsern oder Blättern bestechen oft durch diese Reduktion. Grüne Zutaten lenken das Auge auf ganz besondere Merkmale der Pflanzen wie Pflanzenteile mit gelblichen, rötlichen, bläulichen, grauen und weißen Grüntönen, verschiedensten Oberflächen und Texturen, vielfältigen Blatttypen und Bewegungen. Wir müssen nur genau hinsehen. Viele unserer Seminare beginnen genau aus diesem Grund mit einem Werkstück in Grün.

In allen botanischen Gattungen, Arten und Sorten gibt es interessante Blattzutaten, ob bei Stauden, Sträuchern oder Bäumen. Einen großen Teil davon können wir sammeln, viele auch selbst kultivieren, und vielleicht haben viele bereits das eine oder andere Schätzchen im Garten.

1 ▸ Stängel, Blätter, Zweige – oft brauchen wir für einen imposanten Strauß gar keine Blüten.

2 ▸ Werkstücke in Grün lenken den Blick auf Form und Textur.

2 ▴

Besonders schöne Blattlieferanten

Funkie *(Hosta)*
Eine vielseitige Blattschmuckstaude in vielen Farbvarianten, Texturen und Größen, die unsere Blumensträuße ab Mai bereichert. Die Pflanzen lieben Halbschatten und reichhaltigen frischen Gartenboden. Beim Schnitt ist auf eine gute Blattreife zu achten. Die Blätter fühlen sich griffig wie Papier an und halten dann bis zu zehn Tagen in der Vase. Nicht nur die vielseitigen Blätter, auch die Blüten lassen sich hervorragend als Schnittblumen verwenden.

Purpurglöckchen *(Heuchera)*
Purpurglöckchen sind fast die ganze Saison über wunderbare Blätterlieferanten. Auch die Blüten der kleinen Pflanze halten gut und können geschnitten werden. In dieser Familie finden wir Arten und Sorten mit den tollsten Blattfarben von Creme, Rot und Bräunlich bis fast Schwarz, meist ist auch die Blattrückseite wunderbar anzusehen.

Besonders schöne immergrüne Sorten und Arten gibt es auch unter den Farnen, darunter den **Regenbogenfarn** (*Athyrium niponicum* 'Metallicum'), den **Wurmfarn** *(Dryopteris erythrosora)* und den **Schildfarn** (*Polystichum setiferum* in verschiedenen Sorten).

Weitere Pflanzen mit ästhetisch wertvollen Blättern sind **Bergenie** *(Bergenia)*, **Schildblatt** *(Darmera peltata)*, **Elfenblume** *(Epimedium)*, **Storchschnabel** *(Geranium)*, **Wollzist** *(Stachys)*, die immergrüne **Schneerose** (*Helleborus argutifolius* und *H. foetidus*), der **Geißbart** (*Aruncus dioicus* und Sorten), das grün-weiße **Kaukasusvergissmeinnicht** (*Brunnera macrophylla* 'Jack Frost') und die schwarzblättrige **Silberkerze** (*Cimicifuga ramosa* 'Atropurpurea'). Auch Wiesen- und Wildkräuter und jede Art von Spontanvegetation können unsere Arrangements mit schönem Blattwerk bereichern.

Gräser und Getreide

In der kreativen Gestaltung mit Blumen und auch in der Gartengestaltung überzeugen uns Gräser mit ihrer Leichtigkeit und Natürlichkeit. Wiesengräser im Frühsommer, Getreide im Hochsommer und Ziergräser im Herbst, Samenstände und trockenes Gras im Winter – das ganze Jahr hindurch beschenkt uns die Natur. Wir können aus einer breiten Palette an Farben, Texturen, Formen und Wuchshöhen schöpfen.

Gräser gehören zu den einfachsten Zutaten, aus denen in der Werkstatt filigrane, verspielte, oft reduzierte Werkstücke entstehen.

Viele einjährige Ziergräser besitzen besonders gute Eigenschaften, wie eine gute Schnitthöhe, feste Stiele, sehr gute Haltbarkeit und gutes Aussehen im trockenen Zustand.

Der schönste Zeitpunkt, Ziergräser zu schneiden, ist der Herbst. Reichblühend und herbstlich verfärbt, präsentieren sie sich von ihrer schönsten Seite.

Getreide – vom Gras zur Kulturpflanze

Heutige Getreidesorten gehören zur Familie der Süßgräser. Roggen, Hafer Weizen – viele Getreidearten passen gut in Schnittblumensträuße und bereichern auch andere Werkstücke.

Bereits Ende Mai, Anfang Juni können wir die ersten Ähren und Rispen schneiden. Getreide zum Trocknen muss im »Milch-Stadium« geschnitten werden. Das bedeutet, beim Schnitt tritt ein weißer, milchiger Saft aus dem Stiel. Wir schneiden, bündeln und trocknen das Getreide. Es verfärbt sich von grün zur typisch korngoldenen Farbe. Würde man warten, bis das Korn auf dem Feld korngolden verfärbt ist, wäre der Zeitpunkt zum Trocknen verpasst. Das angesetzte Korn macht das Getreide schwer, die Ähren würden später zerfallen.

Einjährige Ziergräser

Mähnengerste *(Hordeum jubatum)*
Ihre Ähren werden bis zu 12 cm lang und haben lange, an der Spitze rosa gefärbte Grannen.

Hasenschwanzgras *(Lagurus ovatus)*
Das Hasenschwanzgras ist eine reichblühende Grasart mit seidig behaarten Ähren auf langen starken Stielen.

Zittergras *(Briza maxima)*
Hohe Blütenrispen mit bis zu fünfzehn Ähren schmücken dieses Gras.

Rispenhirse *(Panicum miliaceum)* und **Zierhirse** (*Setaria* 'Grüner Zopf')
Hirse blüht attraktiv, die Blüten verfärben sich im reifen Zustand.

Weitere emfehlenswerte Gräser: **Lampenputzergras** (*Pennisetum setaceum* 'Rubrum' und *P. villosum*), **Zierhafer** (*Avena sativa* und *Avena sterilis*), **Trespe** *(Bromus secalinus)*, **Zypergras** *(Cyperus glaber)* und **Silbergras** *(Melica altissima)*

Mehrjährige Ziergräser

Plattährengras *(Chasmanthium latifolium)*
Die völlig platt »gebügelten« Ährchen schmücken jeden Strauß.

Reitgras *(Calmagrostis)*
In dieser Gattung gibt es diverse besonders schöne Arten wie das Diamantgras *Calamagrostis arundinacea* var. *brachytricha* und *Calamagrostis acutiflora* 'Karl Foerster'.

Chinaschilf *(Miscanthus sinensis)*
Die meisten Sorten werden gut 2 m hoch, doch es gibt auch die kleineren Sorten *Miscanthus sinensis* 'Silberfeder', 'Silberspinne' und 'Nippon'.

Segge *(Carex)*
Besonders kann ich die Arten Goldrand-Segge (*Carex dolichostachya* 'Gold Fountains'), Morgenstern-Segge *(Carex grayi)* und Fuchsrote Segge *(Carex buchananii)* empfehlen.

Federborstengras (*Pennisetum*-Sorten)
Dieses Gras blüht mit walzenförmigen Ähren bis hin zu dicken »Bürsten« in schönen Farben.

Pfeifengras (*Molinia caerulea* 'Variegata')
Pfeifengras besticht durch eine besonders schöne Herbstfärbung.

Schmiele *(Deschampsia cespitosa)*
Sie blüht früher als andere Gräser und fügt sich gut in Wildstaudenpflanzungen ein.

Zierhirse *(Panicum)*
Hirse ist in schönen bläulich, grünlich, bräunlich und rötlich getönten Farbvarianten zu finden und hat eine gute Stiellänge für Sträuße. *Panicum clandestinum* (30–60 cm) und *Panicum virgatum* (um 120 cm hoch) sind mehrjährig.

1 ▴

1 ▸ Lavendel – Aromatherapie beim Gestalten

2 ▸ Getrocknete Schätze bereichern die Herbst- und Wintermonate.

3 ▸ Wenn draußen die Zeit der Farben vorbei ist, arbeiten wir mit unseren bunten Vorräten.

Kräuter

Kräuter sind nicht nur in der Küche unersetzlicher Bestandteil, sie sind auch die ideale Ergänzung unserer Zutatenliste.

Botanisch finden wir Kräuter in allen bisher besprochenen Gruppen: Einjähriger Salbei und Basilikum, bei uns einjährig kultiviert, zweijähriger Muskatellersalbei, Stauden wie Minze und Melisse, Sträucher wie Lavendel und Rosmarin und vieles mehr.

Das Wichtigste gleich vorneweg: Kräuter bereichern unsere Werkstücke vor allem mit ihrem Duft. Was machen viele Menschen zuallererst, wenn sie Blumen geschenkt bekommen? Sie riechen an ihnen. Aber leider passiert oft nichts! Blumen und Sträuße werden mit allen Sinnen wahrgenommen: Farbe und Form sind wichtig, aber zur Erfahrung gehört auch der Duft, der ist unersetzlich.

Wir verwenden Kräuter das ganze Jahr hindurch blühend, die Stiele mit frischen Blättern besonders für Sträuße, aber auch getrocknet bereichern sie unsere Herbst- und Winterwerkstücke. Dahlien, so prachtvoll sich diese Blüten in ihrer Farben- und Formenvielfalt präsentieren, besitzen keinen ausgeprägten Blumenduft. In der Kombination mit Kräutern erhält ein Dahlienstrauß seine sinnliche Erweiterung.

Trockenblumen

Möchten wir das ganze Jahr hindurch kreativ mit Materialien aus der Natur arbeiten, brauchen wir getrocknete Zutaten. Trockenblumen, Gräser und Samenstände sind dabei eine eigene Kategorie, sie sind nicht bloß Ersatz für frische Blumen und Blätter. Für viele Werkstücke, im Besonderen für Kränze, brauchen wir getrocknete Blüten – und nur sie.

Wir verfügen über eine große Auswahl möglicher Zutaten fürs Trocknen: Blühstauden und Sommerblumen, Blüten in verschiedenen starken Farben, die im Frühling, im Sommer und im Herbst aus dem Garten geerntet werden. Strohröschen, *Limonium* und *Gomphrena* sind typische altbewährte Beispiele. Aber auch Pfingstrosen und Dahlien entfalten getrocknet einen besonderen Charme. Hinzu kommen Blätter, Zweige, Kräuter, Gräser und Samenstände in Braun-Grün-Schattierungen mit deutlich stillerer Aussage.

2 ▾

3 ▾

»Die Kombination von frischen und getrockneten Zutaten hat einen ganz eigenen Reiz.«

Worauf ist beim Trocknen zu achten?

Viele Blüten können mit verschiedensten Methoden getrocknet werden. An dieser Stelle gebe ich nur meine Erfahrungen der letzten Jahre wieder. Wir trocknen unsere Bioblumen ausschließlich mit Luft und Wärme, ohne zusätzliche chemische Hilfsmittel und Salze.

Erntezeitpunkt

Wir warten auf mehrere trockene Tage in Folge, bevor wir ernten. Gepflückt und geschnitten wird am besten um die Mittagszeit.

Reife

Der ideale Reifegrad der einzelnen Zutaten sollte immer, aber besonders beim Schnitt fürs Trocknen, beachtet werden. Sind die Blumen zu reif, die Blüten zu offen, werden sie uns beim Trocknen zerfallen. Wir müssen uns also bereits vor der Ernte überlegen, ob wir unsere Zutaten frisch verwenden wollen oder trocknen möchten. Einfach die übrig gebliebenen frischen Blumen als Trockenblumen zu verwenden, funktioniert auf keinen Fall. Geschnitten werden ausschließlich unversehrte optimale Blüten, Blätter, Gräser und Samenstände.

Schädlinge

Schon bei der Ernte ist darauf zu achten, dass die Blumen frei von Ungeziefer sind. Ist der Trocknungsvorgang der Blüten abgeschlossen, empfiehlt sich ein zweitägiger Aufenthalt in der Kühltruhe, um etwaige Eier abzutöten.

Blume, Stiel oder Blütenblatt

Geschnitten werden einzelne Blütenköpfe oder ganze Stiele. Die Blütenköpfe werden nicht zu dicht aneinander auf Papierschichten gelegt. Erntet man die ganze Blüte mit Stiel, entfernt man vor dem Trocknen die überschüssigen Blätter und Dornen. Der Stiel wird dann schneller trocknen. Die Stiele werden einzeln oder in einem kleinen Bund zusammengefasst, mit Gummiband gebunden und kopfüber gehängt. Das Gummiband empfehlen wir, weil die Blumenstiele

1 ◂

2 ◂

1–2 ▸ Überkopf hängend, luftig und warm, so trocknen Blumen am liebsten.

beim Trocknen schrumpfen und sich das Band dem Umfang gut anpasst. Die Blüten sollten nicht zu stark berührt werden. Ein gewisser Mindestabstand stellt sicher, dass die Luft gut zirkulieren kann. Auch einzelne Blütenblätter eignen sich hervorragend zum Trocknen. Besonders bei essbaren Blüten ist das beliebt, um sie dann später für Tee, Kuchen oder Salat zu verwenden. Beispiele sind Kornblume, Ringelblume und Goldmelisse.

Trocknung und Lagerung

Luftig, trocken, dunkel und warm – manche Blüten brauchen Schatten, manche Arten wie die Kornblume brauchen Sonne, um die Farbe gut zu halten. Gräser, Samenstände und Blätter könnten zum Bleichen extra der Sonne ausgesetzt werden.

Gelagert werden die Trockenblumen am besten in fest verschließbaren Boxen, um sie vor Ungeziefer und anderen ungünstigen Einflüssen, wie Licht und Luftfeuchtigkeit, zu schützen.

Ab in die Natur zum Sammeln

Viele Zutaten sind bereits da und warten nur noch auf euch. Auf Wiesen und im Wald kann das ganze Jahr hindurch zusätzlich Schönes für interessante Gestaltungen gefunden werden. Bringt die Natur zu euch nach Hause. Spürt dem kindlichen Gefühl in der Blumenwiese nach und unternehmt Streifzüge.

Immer trage ich eine Schere bei mir und komme kaum mit leeren Händen zurück ins Haus. Oft reicht eine Blüte, ein Zweig in einer Glasflasche oder in einer originellen alten Vase. Das ganze Jahr hindurch finden sich interessante Zutaten. Sogar trockenes Gras, Zweige mit Flechten, dann vielleicht die ersten kleinen Frühlingsblüher. Es genügt ein bisschen Vorstellungskraft und genaues Hinsehen. Ein Wort noch zum Sammeln in der Natur: Sie dürfen gemäß der »Handstraußregel« in Deutschland zu privaten Zwecken wild wachsende Pflanzen in einem geringen Ausmaß sammeln, also so viel, wie zwischen Daumen und Zeigefinger passen. Geschützte Pflanzen dürfen natürlich nicht darunter sein. In Naturschutzgebieten und Nationalparks dürfen gar keine Pflanzen gesammelt werden.

Wildblumen

Der Begriff »Wildblume« ist keine botanische Bezeichnung. Damit sind nichtkultivierte Blumenarten gemeint, die in unserer Region heimisch sind und in der freien Natur wachsen.

Auf der Wiese, entlang von Wegen oder am Waldrand finden wir heimische Kostbarkeiten. Unter den Wildblumen gibt es wunderbare Arten, die auch gepflückt einige Zeit in der Vase halten. Auch hier sind der Reifegrad der jeweiligen Pflanze und der optimale Erntezeitpunkt wichtig.

Gräser, Gräser, Gräser

Die Wiesen haben es mir besonders angetan: wogende Gräser im Wind, zarte Blüten eingesprenkelt im Grün und jeden Tag neue Entdeckungen. Wiesen sind Lebensräume, die seit Jahrtausenden durch den Menschen geschaffen, erhalten und genutzt werden. Wir finden wunderbare Gräser auf unseren Wiesen. Der Ernteschwerpunkt der Wiesengräser liegt im Frühsommer.

Früchte, Beeren und Samen aus der Hecke und dem Wald

Eine wilde Hecke aus heimischen Gehölzen bietet nicht nur Tieren Lebens- oder Rückzugsraum, sondern auch uns immer wieder

1 ▴

2 ▴

1–2 ▸ Von der Wiese, aus Wald und Hecke oder das Beikraut aus dem Beet – wir können in der Werkstatt fast alles nutzen.

etwas zum Ernten. Gehölze zeigen uns den Rhythmus der Natur mit ihren zarten Knospen und bunten Blüten im Frühling, grünem Blattwerk im Sommer, dem Farbenspiel des Laubes, dem Formenreichtum der Früchte im Herbst und bizarren Formen im Winter. Die enorme Vielfalt an Farben und Formen von Beeren und anderen Früchten sowie Samen begeistert.

Heimische Wildsträucher wie Felsenbirne, Wildrosen mit schönen Hagebutten, Schlehen, Kreuzdorn, Weißdorn, Dirndlstrauch (Kornelkirsche), Mispel, Quitte, Holzapfel, Elsbeere, Mehlbeere, Sanddorn, Eberesche und Hartriegel beschenken uns das ganze Jahr hindurch mit Blüten, Blättern, Zweigen und Früchten.

»Nichts wie raus auf die Wiese und in den Wald!«

Früchte und Samen tragen das neue Leben in sich, sie garantieren den Fortbestand ihrer Spezies. Die Blüte einer Pflanze wandelt sich im Zustand der Reife zur Frucht. Sie umschließt den Samen. Schön ist es, sie auch inhaltlich und gestalterisch so einzusetzen. Dieser Schatz an kreativen Zutaten will genutzt werden.

Wildobstgehölze bieten im Herbst viel Genuss für die Tiere und farbenfrohe Früchte für uns in der Werkstatt: Weißdorn, Haselnuss, Mispel, Kornelkirsche, Holunder, Sanddorn, Schlehe, Pfaffenkäppchen, Hagebutte und Eberesche.

Bäume strahlen Ruhe, Geborgenheit und Stärke aus. Sie reduzieren Stress, erhöhen das Wohlbefinden und stärken die Gesundheit. Im Wald findet und sammelt man neben Holz und wintergrünen Reisigzweigen auch auf dem Waldboden Schätze wie Nüsse, Kastanien, Zapfen und Bucheckern, aber auch Moos und alte Zweige sind wertvolle Zutaten für viele Gestaltungen.

III

Anbau und Kultur von Bio-Schnittblumen

»Los geht's! Die Zutaten stehen fest, nun kann gegraben und gepflanzt werden!«

2 ▸

Arbeiten im Blumengarten

1 ◂

1 ▸ Ein guter Boden beschert uns eine reiche Ernte von Blumen, Kräutern und Gemüse.

2 ▸ Die Bodenbearbeitung vor der Pflanzung ist ein wichtiger Schritt für optimale Ergebnisse.

Blumen haben ähnliche Bedürfnisse wie Gemüse: sorgfältige Planung, fruchtbaren Boden, ausreichend Licht und Wasser sowie Schutz vor Schädlingen und Krankheiten.

Der Vergleich des Gemüsegartens mit dem Schnittblumengarten passt gut. Auch die grundlegenden Kulturtechniken und Arbeiten im Bio-Gemüsegarten ähneln denjenigen im Bio-Schnittblumengarten stark.

Unser Boden

Jedes Wachstum beginnt mit gesundem, humusreichem Boden.

Humus wird als die Summe der toten organischen Substanz des Bodens, die ständigen Um- und Abbauprozessen unterworfen ist, definiert. Diese Prozesse haben den intensivsten Einfluss auf das Wachstum und die Gesundheit der Pflanzen: Sie sind Lebensgrundlage für die wertvollen Bodenlebewesen, setzen Nährstoffe frei und tragen zu einer guten Bodenstruktur bei. Für eine dauerhafte Bodenfruchtbarkeit ist es wichtig, ständig für Nachschub an organischer Substanz zu sorgen.

Die Biolandwirtschaft ist dabei das Vorbild. Durch regelmäßige »Fütterung« mit qualitativ hochwertiger organischer Substanz sorgt das Bodenleben für eine intensive Nährstoffdynamik und hohe Humusqualität. Das Wasserhaltevermögen, die Aufnahmegeschwindigkeit von Niederschlagswasser, die Bodenatmung und weitere Bodenfunktionen werden dadurch positiv beeinflusst und ergeben einen fruchtbaren Boden. Humusaufbau und Verbesserung der Bodenqualität über die Jahre erreicht man durch Fruchtfolge, möglichst ständige Bodenbedeckung und sinnvolle Kompostgaben. Böden sollten im Jahreslauf kaum unbedeckt bleiben. Nach der Ernte folgt eine leichte Bodenbearbeitung, es wird Gründüngung oder eine Folgefrucht gesät oder gepflanzt. Im Schnittblumenbeet helfen Mulchschichten aus Laub, aus Stroh oder anderem organischen Material beim Humusaufbau.

Bodenbearbeitung

Bodenbearbeitung bereitet den Gartenboden für die Bepflanzung oder Aussaat vor. Das soll behutsam geschehen, ohne Bodenleben und Bodenstruktur zu schädigen.

Grundsätzlich gilt, dass der Boden für die Bearbeitung nicht zu nass sein darf, sonst kann es zu schweren Schäden des Bodengefüges kommen. Man führt eine Fingerprobe durch: Beim Zerdrücken eines Erdkrümels aus etwa 10 cm Bodentiefe sollte dieses in viele kleine Teile zerfallen. Entsteht dabei gatschiger Schlier, ist der Boden zu feucht.

Man lockert Böden idealerweise erst im Frühjahr. Im Herbst führt Bodenbearbeitung zu unerwünschter Mineralisierung und Nährstoffauswaschung, der offene Boden ist völlig ungeschützt der Witterung ausgesetzt. Grundsätzlich lockert man Böden besser nur in den oberen Schichten. Einzige Ausnahme für tiefgründiges Lockern im Herbst ist schwerer, toniger Boden. Diese Bodentypen erfordern meist ein Umgraben, da nur so eine ausreichende Lockerung und Durchlüftung erreicht werden kann.

Es ist immer besser, mit der Grabgabel zu lockern, anstatt mit dem Spaten umzustechen.

Die Beete müssen nicht jedes Jahr automatisch umgestochen werden. Dabei wird oft die untere, weniger belebte Erdschicht oben abgelegt, während die oberste Bodenschicht am tiefsten vergraben wird. Gerade diese enthält besonders sauerstoffbedürftiges Bodenleben, das nun in tiefere und sauerstoffärmere Bodenschichten gelangt. Die Bodenorganismen benötigen Zeit, um sich wieder vollständig anzupassen.

Wasser

Der Wasserbedarf kann durch gute Bodenbearbeitung und regelmäßiges Mulchen auf ein Minimum reduziert werden. Wenn eine Bewässerung benötigt wird, sind Tropfschlauchsysteme Beregnungsanlagen vorzuziehen. Besonders Pflanzen, die anfällig für Mehltau sind, sollten vorsichtig, am besten von unten und morgens, gegossen werden. Dazu gehören Rittersporn, Astern, Phlox und Rosen.

Gießt lieber weniger oft und durchdringend als jeden Tag ein bisschen. Es würde die Entwicklung der feinen Wurzeln nahe der Oberfläche gefördert, die Pflanze gewöhnt sich an oberflächliches Gießen. Bleibt dann das Wasser aus, verdurstet sie sehr schnell. Seltenes und tiefgründiges Gießen lässt die Feuchtigkeit tief in den Boden eindringen, und die Wurzeln können auch tiefer in die Erde wachsen. Sie sind dann besser geschützt und auch bei vorübergehender Trockenheit gut versorgt.

Nährstoffe

Kompost bringt Energie in den Garten. Als Dünger in den Beeten verbessert er mit seinem hohen Humusanteil die Bodenstruktur und sorgt für gute Durchlüftung und fördert die Bodenlebewesen. Reifer Kompost enthält alle Nährstoffe, die für ein gesundes Pflanzenwachstum wichtig sind: Eigener Kompost ist das Gold der Gärtner. Die Pflanzen nehmen nur so viel auf, wie sie für ihr Wachstum benötigen. Mit Kompost versorgte Pflanzen sind widerstandsfähiger gegenüber Schädlingen.

Auf abgeernteten Beeten und ungenutzten Flächen kann Gründüngung viele gute Dienste leisten. Gründüngung ist eine einfache, günstige und biologische Methode, den Boden vor extremer Witterung zu schützen, ihn zu lockern und seine Qualität zu verbessern.

Durch einen dichten grünen Teppich schnell wachsender Pflanzen wird Unkraut unterdrückt und zugleich das Auswaschen wertvoller Nährstoffe aus dem sonst nackten Boden verhindert. Die Gründüngungspflanzen, wie Klee oder Buchweizen, wirken als Nährstofffänger und geben diesen später nach Einarbeitung und Zersetzung wieder an nachfolgende Pflanzengenerationen ab.

Der Begriff Mulchen bezeichnet das Abdecken des Bodens mit organischem oder auch anorganischem Material. In der freien Natur gibt es keinen unbedeckten Boden, dort bildet sich von selbst eine Mulchschicht zum Beispiel durch abgestorbenes Laub im Wald. Freie Flächen bedeckt die Natur selbst sehr schnell mit »Spontanvegetation«.

Mulchen mit organischem Material fördert die Bodenprozesse und stärkt die natürlichen Regelkreisläufe. Insgesamt ist Mulchen gesundheitsfördernd für Boden und Pflanzen. Aber nicht nur wir lieben Mulch – auch Schnecken und Wühlmäuse fühlen sich in lockeren Mulchschichten sehr wohl.

Düngemittel versorgen die Pflanzen mit lebensnotwendigen Nährstoffen. Im Biogarten wird mit Kompost, Mulch und Gründüngung gearbeitet, damit werden genügend Nährstoffe für die meisten Pflanzen zur Verfügung gestellt. Zusätzliche Düngergaben werden nur für starkzehrende Pflanzen be-

1 ▴

2 ▴

nötigt, welche im Schnittblumenbeet eigentlich gar nicht vorkommen. Die wichtigsten Nährstoffe sind Stickstoff (N), Phosphor (P), Kalium (K) und Magnesium (Mg). Stickstoff, enthalten in Hornspänen und -mehl, sorgt für das Wachstum von Trieben und Blättern.

Krankheiten und Schädlinge

Gesunde Pflanzen im Biogarten sind vor Schädlingen und Krankheiten meist gut geschützt. Schädlinge vergreifen sich oft an bereits geschwächten Gewächsen, stark überdüngten Pflanzen oder an solchen, die an falschen Standorten wachsen.

Der Nützlingseinsatz ist eine besondere Form des Pflanzenschutzes. Hier nutzt man Bekämpfungsstrategien aus der Natur, um bestimmte Schädlinge in Schach zu halten oder gänzlich zu eliminieren. Vom Marienkäfer und Florfliegen gegen Blattläuse bis zu Raubmilben gegen Spinnmilben. Nützlinge können meist käuflich erworben werden oder durch bestimmte Maßnahmen, zu denen auch das Weglassen von chemischen Pflanzenschutzmitteln zählt, gefördert werden.

Die Kombination von passender Standort- und Sortenwahl, richtiger Bodenbearbeitung, Düngung und Pflanzenschutz hilft dabei, einzelnen Krankheiten vorzubeugen.

1 ▸ Kompost liefert unseren Kulturen wichtige Nährstoffe.

2 ▸ Mangel erkennt man oft an den Blättern. Die Früchte schmecken aber trotzdem.

Säen und Pflanzen

Für die Kultur eignen sich Saatgut, Blumenzwiebeln und Jungpflanzen aus biologischem Anbau. Diese werden nach strengen Kriterien ohne Einsatz von chemischen Dünge- und Spritzmitteln produziert. Auch gentechnische und biotechnologische Methoden sind in der biologischen Pflanzenzucht nicht erlaubt. Das schont die Gesundheit und die Umwelt.

Etwa einen Monat vor dem letzten Frost können wir mit dem ersten Säen im geschützen Bereich bzw. mit frostharten Arten beginnen. Aber man überstürze nichts! Erfolg und Misserfolg bei der Aussaat und der Anzucht von Pflanzen sind abhängig vom richtigen Zeitpunkt und von der Menge und der Stärke des vorhandenen Lichtes.

Wenn man zu früh mit der Aussaat beginnt, ist das Verhältnis von Temperatur und Lichtstärke für die jungen Sämlinge ungünstig. Zu früh ausgesäte Pflanzen leiden mitunter an Lichtmangel und werden so schwach und anfällig für Krankheiten.

Sind die Jungpflanzen bereit – lieber klein und fein als bereits zu groß – pflanzen wir sie in Reihen. Die Pflanzabstände wählt man enger als in der Gartengestaltung üblich, um den vorhandenen Platz produktiv zu nutzen. Bei Sommerblumen sind es etwa 20 cm, bei Stauden und Dahlien etwa 50 cm. Bei einer neuen Staudenbepflanzung kombiniert man junge mehrjährige Pflanzen mit einjährigen Sommerblumen, um die Reihen gut zu füllen. Je schneller der Bestand schließt und der Boden bedeckt ist, umso weniger freier Platz bleibt für Unkraut übrig.

Werkzeug

Regelmäßiges Jäten ist eine der Hauptaufgaben im Schnittblumenbeet. Das Lockern der Bodenoberfläche mit einer Garten- oder Pendelhacke hat mehrere Aufgaben:

- Jäten befreit den Boden von Unkraut. Dieses kann jedoch auch eingearbeitet werden oder als Mulchschicht auf dem Beet verbleiben.
- Durch das Lockern der Oberfläche verbleibt die Feuchtigkeit im Boden und kann nicht so schnell verdunsten.
- Nährstoffe werden mobilisiert und für die Pflanzen verfügbar gemacht.

Häufig können Unkräuter sich deshalb so gut vermehren, weil sie mit den Bodenverhältnissen besser zurechtkommen als die Kulturpflanzen. Deshalb ist es wichtig, Pflanzen nach ihren Bodenansprüchen auszuwählen und den Boden optimal vorzubereiten.

Schützen und Stützen

Alle Kulturen, besonders kleine Setzlinge, müssen geschützt werden: vor Frost, vor Wind und Tierfraß.

Pflanzen mit empfindlichen Blüten werden an geschützten Stellen oder an errichteten Zäunen gesetzt. Schöne alte Mauern wie in England und formal geschnittene Hecken wären die stilvollste Lösung.

In den Reihen selbst helfen geschlossene dichte Bestände und Pflanzgitter, durch die

1 ▸

die Stiele wachsen können und dann vor Wind und Wetter geschützt sind.

Weitere Gefahren drohen aus der Tierwelt. Ohne Zaun muss man immer wieder mit Fraßschäden durch Wildtiere rechnen.

Im Schutz der Dämmerung und bei feuchtem Wetter kommen die Schnecken aus ihren Verstecken. Gerne verkriechen sie sich auch unter ausgelegten Brettern. Wir sammeln sie morgens oder abends ab.

Bei Wühlmäusen helfen Fallen. Empfindliche Blumen können in Drahtkörbe gepflanzt werden.

2 ▾

1 ▸ Auf geht's!

2 ▸ Frisch gejätete Pfingstrosenreihen warten auf eine Mulchschicht.

1◂

Ernten

Wenn in den ersten Wochen alles gut gegangen ist, sind wir nun so weit, es kann mit der Ernte begonnen werden. Frisch aus dem eigenen Garten geerntet, die Nase voller Duft, berauscht von der natürlichen Vielfalt, kann man direkt einen Strauß für den Mittagstisch pflücken. Schöner, entspannter und vor allem frischer geht's nicht.

Mit dem Schnitt einer Blume trennen wir sie vom versorgenden Wurzelsystem und begrenzen ihre maximale Lebensdauer. Je nach Art und Sorte erfreuen uns die eigenen Blumen für etwa fünf Tage bis zu einer Woche, einige länger, einige kürzer, aber meist länger als eine gute Flasche Wein in netter Gesellschaft.

Wir freuen uns besonders lange an unseren Blumen, wenn wir sie richtig ernten, schneiden und versorgen. Die Schnittreife richtet sich nach dem Verwendungszweck, nach Art und Sorte. Jede Zutat sollte zu ihrem individuellen Zeitpunkt der Reife geerntet werden. Auch Tageszeit und Wetter beim Schneiden sind wichtig. Man braucht gutes, sauberes Werkzeug und Behälter, die die Stiele möglichst schnell wieder mit frischem Wasser versorgen. Diese Faktoren sind meiner Meinung nach wichtiger als chemisches Frischhaltemittel im Wasser.

Das allerwichtigste Kriterium für die Haltbarkeit ist der Reifegrad! Das kann ich nicht zu oft wiederholen. Es gibt zu jedem Stiel, sei es Blüte, Blatt oder Gras, ein individuelles Erntezeitfenster, das beachtet werden muss.

Bei den meisten Blumen sollten die Knospen geschlossen sein, aber Farbe zeigen. Damit stellt man sicher, dass sich die Blüten erst in der Vase öffnen. Man darf den Schnittzeitpunkt aber auch nicht zu früh wählen. Chrysanthemen, *Tagetes*, Phlox und Dahlien sollten voll erblüht geschnitten werden. Sie öffnen sich nicht weiter in der Vase; einmal geschnitten, bleibt das Blühstadium das Gleiche.

Damit sich die Blüten von Blumenzwiebeln gut entwickeln und schön aufgehen, müssen die Pflanzen über genügend Nährstoffe im Stiel verfügen. Tulpen schneidet man, wenn die Blüten Farbe zeigen und die Spitzen der Blütenblätter leicht geöffnet sind. Hyazinthen schneidet man, wenn die Blütentraube Farbe zeigt. Auch Narzissen werden geschnitten, wenn die Knospe aufgesprungen ist. Narzissen müssen, bevor sie mit anderen Blumen in Berührung kommen, zum »Ausschleimen« allein ins Wasser.

Korbblütler wie zum Beispiel Zinnien schneidet man, wenn sich 2–3 Blütenkränze geöffnet haben. Dann hat sich der Spross unter dem Fruchtknoten so verfestigt, dass er die im Wasser immer schwerer werdende Blüte tragen kann. Bewährt hat sich der Schütteltest. Der zeigt den richtigen Schnittzeitpunkt. Man schüttelt die Blüte leicht am Stiel, schwankt ihr Kopf noch weit hin und her, ist es noch zu früh zum Ernten. Erst wenn das Gelenk der Blüte fest genug ist, wird der Stiel nach dem Schnitt auch in der Vase gut halten. Zinnien können bereits ganz erblüht sein, sie werden trotzdem noch über eine Woche halten. Sonnenblumenblüten sollten ungefähr bis zu einem Drittel offen sein, sie entfalten ihre volle Blütenpracht in der Vase.

1 ▸ Ernten und Putzen gehen am besten in einem Rutsch.

2 ▸ Dahlien schneidet man vor der nächsten Verzweigung.

3 ▸ Gebunden und gewässert warten die Stiele auf die weitere Verarbeitung in der Werkstatt.

2 ▾

3 ▾

Die Blüten von Dahlien öffnen sich von innen nach außen nach hinten. Knospige Dahlien bewegen sich in der Vase nicht mehr. Umarmt dich die Blüte in ihrer Schönheit – »ich bin bereit für dich« –, ist das der richtige Schnittzeitpunkt. Lehnen sich die Blütenblätter schon nach hinten, ist die Schöne bereits müde, für frische Sträuße oder auch zum Trocknen ist es dann bereits zu spät.

Rispentragende Blumen schneidet man, wenn mindestens ein Drittel oder bis zu zwei Drittel des Blütenstands voll erblüht sind, sonst entwickelt sich die Farbe der Blüten in der Vase nicht voll.

Bei langstieligen Blumen wie Rittersporn, Gladiolen und Löwenmäulchen sollten am oberen Drittel der Blüte alle Knospen geschlossen sein, nur die unteren blühen. Der obere Blütenteil entfaltet sich in der Vase.

Doldenblütler wie Dill, Fenchel, Wilde Möhre und Knorpelmöhre dürfen nicht zu knospig geschnitten werden. Der äußere Blütenring sollte bereits geöffnet sein. Schön ist auch ein Schnitt bei bereits einsetzender Grünreife: verblüht, aber noch nicht braun verfärbt. Dann ist die Haltbarkeit hervorragend.

Spezialfall: Lenzrosen und Schneerosen

Die Blüten dürfen erst geschnitten werden, wenn sie reif sind: Die Biene war zuerst an der Blüte, dann dürft erst ihr kommen. Die Blüten zeigen keine Staubfäden mehr, man sieht bereits die angelegten Samenstände in der Blüte. Abkochen der Stielenden verlängert die Haltbarkeit von *Helleborus* zusätzlich. Die Blumen halten, richtig geerntet, in der Vase bis zu zehn Tage.

Spezialfall: Pfingstrosen

Pfingstrosen werden knospig geschnitten: Die Blütenknospen zeigen Farbe, sind ganz leicht geöffnet und geben auf Druck nach. In der Vase öffnen sie sich dann voll. In der Vase halten sie gut, haben aber einen hohen Flüssigkeitsverbrauch. Pfingstrosen wie *Paeonia lactiflora* 'Sarah Bernhardt' halten in der Vase bis zu acht Tage. Die ledrigen Blätter der Pflanze sind auch nach der Blüte eine wertvolle Zutat und ein Gestaltungselement im Schnittblumengarten. Auch färben sie sich im Herbst meist in wunderbare Rot-Grün-Schattierungen.

Spezialfall: Hortensien

Die frischen Blüten der Hortensie welken, falsch geschnitten, schnell. Der richtige Schnittzeitpunkt ist, wenn sich die Blüten bereits verfärben.

Blüten zum Trocknen schneidet man erst ab August. Fühlt sich die Blüte wie Papier an, ist der richtige Zeitpunkt zum Schneiden da. Vor dem ersten Frost schneidet man die Blüten, sie werden in kleinen Büscheln kopfüber aufgehängt.

Blätter

Aus allen botanischen Familien, Arten und Sorten gibt es interessante Blattzutaten: von Stauden, Sträuchern, Bäumen. Einen Großteil davon können wir sammeln, vieles selbst kultivieren, und vielleicht wächst das eine oder andere Schätzchen schon im Garten. Erst wenn die Blätter reif sind, sich griffig und fest anfühlen, können sie geschnitten werden und halten in der Vase gut.

1 ▴ 2 ▴

1 ▸ Rispen schneiden wir, wenn sie zu einem Drittel geöffnet sind.

2 ▸ Pfingstrosen ernten wir im sogenannten *Marshmallow*-Stadium – die Knospen sind farbig und geben auf Druck nach.

Gräser und Getreide

Für unsere Werkstücke ist es von Vorteil, Gräser und Getreide vor dem Ansetzen der Samen, der Körner, zu ernten – im sogenannten Milch-Stadium. Das bedeutet, beim Schnitt tritt ein weißer, milchiger Saft aus dem Stiel. Das angesetzte Korn macht das Getreide schwer, die Ähren würden später ausfallen oder von Motten gefressen werden.

Der beste Zeitpunkt für den Schnitt von frischen Blumen ist morgens oder abends. Zu diesen Zeitpunkten ist ein Optimum an Wasser, Zucker und Stärke in der Pflanze angereichert. Am Morgen dürfen die Blumen nicht mehr taunass sein, sie sind von der kühlen Nacht noch sehr frisch. An heißen Sommertagen empfehle ich den sehr frühen Morgen zum Ernten. Ich schneide die frischen Blüten, bevor die Sonne vom Himmel strahlt. Alternativ schneide ich abends nach Sonnenuntergang, wenn die Pflanzen gestärkt sind. Bei Regen sollte vor allem bei druckempfindlichen Arten und hellen, weißen Blüten auf die Ernte verzichtet werden. Der Weißanteil in den Blütenblättern entsteht durch Lufteinschlüsse in den Blütenzellen. Werden die Blüten gedrückt und die Zellwände verletzt, entweicht die Luft und es entstehen braune Stellen.

Wichtig ist natürlich auch das richtige Werkzeug. Mit einem sauberen, scharfen Messer oder einer sehr guten Gartenschere schneidet man die Blumen in den gewünschten Längen. Gebündelt, gezählt und mit einem Gummiring fixiert, stellt man sie gleich in einen bereitgestellten Kübel mit handwarmem, frischem Wasser. Schnittblumen mögen temperiertes Wasser.

Wenn mehrere Sorten von Blumen geschnitten werden, hat es sich bewährt, mehrere Gefäße in verschiedenen Größen mitzunehmen und die großen von den kleinen Blüten zu trennen, um ein Zerdrücken zu vermeiden.

»Schnell vom Acker in die Werkstatt!«

Nachbehandlung und Pflege

Frisch aus dem Garten geholt, vom Feld geerntet oder auf der Wiese gesammelt – für weitere Gestaltungen, für den Verkauf oder eine kurze Lagerzeit müssen die Blumen geputzt und nachbehandelt werden. Mit den blühenden Schätzen geht es jetzt drinnen oder an einem kühlen schattigen Platz draußen weiter.

DIE WICHTIGSTEN TIPPS ZUR HALTBARKEIT

- Blüten und Blätter, die nicht zum Arrangement gehören, entfernen, so verdunstet weniger Wasser
- täglich Wasser wechseln, die Vase oder das Gefäß waschen, Stiele neu anschneiden, um die Haltbarkeit zu verlängern
- zum Schneiden immer scharfes Werkzeug verwenden
- Dunkelheit und kühle Temperaturen lassen die Pflanzen weniger schnell verwelken

Alle verwendeten Gefäße, Kübel und Vasen müssen sauber sein: mit Seife und Wasser geschrubbt und von allen Rückständen befreit. Mit frischem Wasser gefüllt, warten sie auf ihren Einsatz.

Am Anfang steht ein sauberer schräger Anschnitt mit einem scharfen Messer. Durch den schrägen Schnitt wird die wasseraufnehmende Fläche vergrößert, sodass der maximale Wassersog erreicht werden kann. Wichtig ist, dass der Schnitt durch die gesamte Breite des Stieles geht.

Eine Alternative zum Messer ist eine *Ikebana*-Schere. Damit lassen sich die Blumen auch sehr gut unter Wasser anschneiden. Mit diesem Vorgehen kommt das Stielende erst gar nicht mit Luft in Berührung, kann somit gleich Wasser saugen und ist noch besser versorgt.

1 ▸ Für die Haltbarkeit von Schnittblumen ist der Reifegrad entscheidend.

Blumen nicht mit der Haushaltsschere abschneiden, sie quetscht die Leitungsbahnen zusammen, wodurch die Wasseraufnahme stark behindert wird und die Blumen schneller welken.

Jede Blume verdient eine individuelle Behandlung. Holzige Stiele wie bei Flieder und Schneeball werden an der Schnittstelle oft mit einem Hammer angeklopft. Dadurch entstehen allerdings große Mengen an Zellschutt, der die Leitungsbahnen verstopfen kann. Vorteilhafter ist ein Spalten der Sprossachse oder das Abschälen der Rinde auf den unteren 5–10 cm. So wird die wasseraufnehmende Fläche vergrößert.

Blumen mit verhärteten Stielenden, solche, die zu Lufteinschlüssen neigen, und alle stark milchsafthaltigen Pflanzen brauchen eine Spezialbehandlung. Die Leitungsbahnen verstopfen leicht, die Stiele können kein Wasser mehr nachziehen, und die Blumen verwelken. Hier hilft fast immer das Abkochen oder Ansengen der Stielenden. Man nimmt ein breites Gefäß mit kochendem Wasser und taucht die Stielenden etwa 30 Sekunden ein. Die Blüten selbst müssen vor Wasserdampf geschützt werden. Alternativ hält man die Stiele kurz über eine Flamme. Beide Methoden befreien die Leitungsbahnen der Blütenstiele und gewährleisten eine gute Wasseraufnahme. Auch Dahlien halten länger nach kurzem Abkochen.

Saubere Gefäße und frisches Wasser sind unerlässlich, wobei die meisten Blumen warmes Wasser lieben. Anschließend dürfen die frisch geputzten und versorgten Blüten und Zweige bei kühlen Temperaturen oder im Schatten ein paar Stunden Pause machen, im Idealfall ruhen sie über Nacht.

Vom Transport schlapp gewordene Blumen sind oft noch zu retten, wenn sie angeschnitten, dicht in Zeitungspapier gerollt und für ein paar Stunden tief in lauwarmes Wasser gestellt oder gleich ganz in die Badewanne gelegt werden.

IV

In der Werkstatt

Idee, Inspiration, Individualität – der Schlüssel zum Erfolg in der Werkstatt ist die Kombination von gutem Handwerk, von Gefühl, von Intuition und von ganz viel Experimentierwillen!

1▾

Das Wort kreativ kommt vom lateinischen *creare* und meint erschaffen, erfinden, gestalten, aber im gleichen Moment auch gewähren und gedeihen lassen. Das gefällt mir besonders gut, darüber kann man immer nachdenken: Im Wort steckt das Schöpferische, verbunden mit dem Einfachen, mit dem Seinlassen.

Wir Blumenfreund:innen arbeiten grundsätzlich mit Blüten, Zweigen und Früchten, die uns in unserer Region zur Verfügung stehen. In einer globalisierten Welt mit einem internationalen Blumenhandel wird dieser regionale, jahreszeitliche Zugang hinfällig.

Ich bin aber überzeugt davon, dass es nicht zu vernachlässigen ist, einerseits woher unsere Zutaten kommen und andererseits wie sich unser Zugang zu Blumen und zur Natur entwickelt und somit auch unser Repertoire an Werkstücken bestimmt. Wir müssen anerkennen, dass jede Kultur unsere Grundeinstellungen, unser Verhalten und unsere kreativen Ausdrucksweisen mitbestimmt.

Meine eigenen Erfahrungen in der Blumenwelt und ihrer kreativen Ausdrucksweise kommen aus unterschiedlichen Bereichen: *Ikebana* lehrt mich das genaue Hinsehen, lehrt mich, Form und Bewegung der einzelnen Zutat zu erfassen, und führt mich zur Reduktion. Das Handwerkszeug westeuropäischer Floristik zeigt mir die Technik für viele traditionelle Werkstücke wie Kränze und Sträuße. Das Soziologie-Studium und das Studium gestalterischer Grundlagen geben mir den gesellschaftlichen Rahmen.

Mein Ansporn ist dabei, ständig Neues zu lernen und zu experimentieren, neue Werkstücke auszuprobieren sowie erdachte Inhalte zu gestalten.

1 ▸ Farbharmonie in der Gestaltung

2 ▸ Oktoberstrauß mit Gräserlocken

3 ▸ Herbstliche Tischdekoration

2 ▴

3 ▴

Gestaltungen mit Blumen

Auch wir Menschen unterliegen dem ewigen Kreislauf. Als Teil der Natur sehen und fühlen wir die Jahreszeiten, und vielleicht gelingt es uns, diesen Aspekt gestalterisch einzufangen und herauszuarbeiten.

Natürlich gehört auch eine gewisse Portion technisches Verständnis dazu, aber das Hinausgehen, das Sehen und das Spüren der natürlichen Gegebenheiten, das Suchen und das Finden von Zutaten ermöglichen einen neuen Zugang zur kreativen Blumengestaltung.

Wie präsentiert sich die Natur in diesem Moment, an diesem Platz, wo wir gerade sind?

Das Gefühl für eine gewisse Jahreszeit, eine Entdeckung, ein Thema packen wir in ein Werkstück. Wie gelingt das gestalterisch? Vielleicht durch Reduktion auf das Wesentliche. Der Kern, die Aussage werden noch verstärkt, der Inhalt wird noch klarer betont. Vielleicht aber doch besser durch Vielfalt? Welches Werkstück passt in die Zeit und zu diesen Zutaten?

Der November zeigt sich auf dem Feld und auf den Wiesen meist in Braun. Es gibt nicht mehr viel Buntes draußen zu finden. Vielleicht kann man diese Schattierungen, das Zur-Ruhe-Kommen in der Werkstatt kreativ umsetzen. Im Vorfrühling dagegen sind das erste frische Grün, Triebspitzen, die sich durch trockenes Gras schieben, zu entdecken.

»Die Natur als Vorbild ist perfekt.«

Wir befassen uns in der Werkstatt sehr intensiv mit unseren Zutaten. Wir wissen, wie diese wachsen, wann sie blühen, wie sie vergehen. Blumen präsentieren sich einmal einzeln, einmal in Gruppen. Sie überwuchern ihre Nachbarn oder wachsen als stolze Einzelgänger in betont aufrechter Haltung. Vielleicht klettern sie der Sonne entgegen, wogen im leichten Sommerwind oder stehen Halm an Halm in dichten Beeten. Viele prachtvolle Persönlichkeiten lieben die Sonne, manche grazilen und leicht mysteriösen Schönheiten finden sich im Schatten von Wald und Hecke.

Die Beachtung der Pflanzenstruktur, ihrer gewachsenen Bewegung und ihrer Herkunft gibt uns Orientierung und Hilfe beim Gestalten unserer Werkstücke.

Die wichtigste Voraussetzung für stimmige Arbeiten ist immer der Respekt: Respekt im menschlichen Miteinander, Respekt vor den natürlichen Gegebenheiten und den Zutaten, aber besonders auch Respekt gegenüber der Umwelt.

Der biologische Anbau von Schnittblumen, das Sammeln und Ernten mit und nicht gegen die Natur – das bedeutet für mich Respekt vor dem Blumenacker. Ganzheitlich geht es aber um mehr. Die eigene Ausdrucksweise und meine sozialpolitische Überzeugung spiegeln sich in der Werkstattarbeit und in den fertigen Werkstücken wider.

In allen Gestaltungen stehen die pflanzlichen Zutaten, die Blüten und Zweige im Vordergrund. Sie sind nicht nur Nebendarsteller, sie sind nicht einfach austauschbar. Blumengestaltungen sollen etwas Besonderes sein. Es darf nicht egal sein, ob das Werkstück aus Stoff, aus Ton oder eben aus frischen Blüten ist. Der Unterschied ist spürbar und sollte auch gestalterisch so umgesetzt werden. Frisch und natürlich, leicht, locker, lose, organisch oder opulent, vom Garten inspiriert.

Wir folgen in unseren Gestaltungen dem natürlichen Jahreslauf. Es macht keinen Sinn, jedes Werkstück zu jeder Jahreszeit fertigen zu wollen. Ich muss wissen, welche Zutaten man wann und wie einsetzt. Nicht jede Zutat ist für jedes Werkstück geeignet.

Wir orientieren uns nicht nur auf dem Acker, sondern auch in der Werkstatt nach Prinzipien der Nachhaltigkeit. Ziel ist, mit einem intelligenten Einsatz der verfügbaren Ressourcen einen möglichst großen Nutzen für alle Beteiligten bei minimaler Umweltbelastung und unter sozial fairen Bedingungen zu erreichen. Wir legen Wert auf regionale Vermarktung und bevorzugen nachhaltige Werkstoffe wie zum Beispiel Holz und Papier; Steckschaum und Plastik vermeiden wir.

1 ▴

2 ▴

3 ▾

1 ▸ Blüten und Kräuter begeistern bereits beim Binden von Kränzchen mit Duft, Farbe und Form.

2–3 ▸ Altes und Neues, Getrocknetes und Frisches und eine Prise Respekt und Wertschätzung sind mein Schlüssel zur Gestaltung.

»Das Zusammenspiel von Reduktion und Vielfalt ist wichtig.«

Wir müssen nicht täuschen und tarnen, färben und verbiegen. Das ist nicht notwendig. Viel lieber verwenden wir echte Werkstoffe. Authentizität ist uns wichtig. Wer bin ich, welche Zutaten verwende ich? Eine Zutat, ein Material ist, wie es ist, und bleibt so oder wird sogar noch betont. Holz ist Holz. Metall, Glas und Keramik setzen wir möglichst pur und schlicht ein.

Besonders bevorzugt werden Materialien mit Geschichte – Recycling, Upcycling und Vintage mit Spuren, die Handwerker:innen und Besitzer:innen im Laufe der Jahre hinterlassen haben.

Alle Gestaltungsregeln, seien sie aus dem *Ikebana* oder aus der Floristik, sind mehr Spielregeln als Gesetz! Aber sie sind interessant, beziehen sie sich doch auf Themen wie Farbe, Textur, Form und Größe der Zutaten und auf den entsprechenden Einsatz und ihre Gestaltung in unseren Werkstücken.

Das wahre Gesetz geht immer von der Pflanze, der einzelnen Zutat aus. Die Blume muss intuitiv betrachtet werden. Und das wird uns umso besser gelingen, je näher wir den Blüten und Zweigen sind, wenn wir sie mit eigener Hand frisch aus dem Beet oder aus der Wiese gepflückt haben.

Respekt, Individualität und Kreativität, Spaß, Freude, Liebe und Leidenschaft stehen im Mittelpunkt, wenn man mit Blüten und Zweigen arbeitet. Das Zusammenspiel von Reduktion und Vielfalt gibt der Gestaltung einen ganz besonderen Reiz.

Wann soll man aufhören? »Weniger ist mehr« lernt man in der Natur. Die einzelnen Zutaten kann man nicht verbessern, vielleicht aber in Szene setzen und betonen. Es geht um das Herausarbeiten von besonderen Formen und Farben. Vielleicht werden Farben so kombiniert, dass sie voll zur Geltung kommen oder erst durch die Gestaltung besser wahrgenommen werden.

Nie sollte technischer Firlefanz alles verändern und handwerkliches Zuviel die eigentliche Pflanze vergessen lassen. Lieber sollte man früh genug aufhören, vielleicht einen Teil weglassen.

Ikebana und japanische Gestaltungen im Allgemeinen lehren Ruhe und Reduktion. Das Konzept des *Wabi Sabi* fasst ästhetische und inhaltliche Kriterien zusammen. Es beschreibt eine Art von Schönheit, die sich durch Einfachheit und den Verzicht auf äußeren Prunk zugunsten innerer Werte auszeichnet. Es ist keine Kunstrichtung, sondern eine Weise, Dinge wahrzunehmen. Sie zelebriert die Vergänglichkeit des Seins.

1 ▴

1 ▸ Farbe wirkt sofort auf uns.

2 ▸ Werden die Komplementärfarben Rot und Grün kombiniert, wirken die Farben besonders intensiv.

3 ▸ Farben vor dunklem Hintergrund wirken noch intensiver.

Farben

Farbe berührt sofort. Wenn wir nicht nur vom Gefühl her und vom Gesichtspunkt, was im Garten gerade blüht, unsere Werkstücke zusammenstellen, können wir uns ein wenig mit Farbtheorie auseinandersetzen.

Farbe wird im Auge, im Gehirn des Menschen individuell wahrgenommen. Farbe ist ein physikalisches, chemisches und physiologisches Phänomen.

Was Menschen an Farbe sehen, sind unterschiedlich lange Lichtwellen, die das Auge treffen. Das normale Tageslicht, das durch die Sonne erzeugt wird, erscheint dem menschlichen Auge weiß. Es ist jedoch ein Gemisch aus unterschiedlich langen Wellen. Der für das Auge sichtbare Bereich des Lichtes liegt auf einer Wellenlänge von etwa 400–700 nm. Erst durch die Widerspiegelung von Licht auf der Oberfläche der Pflanzen oder anderer Objekte entsteht Farbe. Ändert sich das Licht oder die Oberflächenstruktur, ändert sich auch die Farbwahrnehmung.

Farben haben eine bestimmte Wirkung auf den Menschen. Der menschliche Organismus reagiert unbewusst auf Farben: physiologisch, die körperlichen Lebensvorgänge betreffend, und psychologisch, die Seele betreffend.

Durch die Vielzahl unterschiedlicher Farben, etwa 10 Millionen, benötigen wir Farbsysteme, um die verschiedenen Farben zu ordnen. Die Farbordnungssysteme versuchen durch Farbkreise, Farbreihen oder Farbtonkarten Beziehungen zwischen den Farbtönen und ihren Mischungen zu Schwarz und Weiß herzustellen. Es kann unsere praktische Arbeit sehr erleichtern, wenn wir diese Systeme nutzen.

Harmonische Farbgestaltungen wirken angenehm. Eine Komposition aus Farben, die miteinander harmonieren, führt zu einem positiven Gesamtbild. Farben, die nicht miteinander harmonieren, erzeugen Disharmonie.

In der Theorie wirken folgende Kombinationen immer harmonisch: im Farbkreis benachbarte Farben (wie Gelb und Grün, Blau und Violett), die Kombination aus warmen (Gelb-, Orange- und Rottöne) oder aus kalten Farben (Weiß, Hellblau, Blau, Blaugrün), eine Kombination von bunten und unbunten Farben (Schwarz, Grau und Weiß) und die Kombination von aufgehellten oder entsättigten Farbtönen (gemischt mit Schwarz, Grau oder Weiß) mit der jeweiligen Vollfarbe.

Die objektive Farbharmonie kann jedoch nicht so ohne Weiteres vom subjektiven Farbempfinden getrennt werden.

2 ▾

3 ▾

1◂

Farbkontraste ziehen die Aufmerksamkeit auf sich. Sie erzeugen Spannung, die belebend, erfrischend oder auch unangenehm wirken kann. Viele kontrastreiche Gestaltungen enthalten eine Kombination aus mehreren verschiedenen Kontrasten.

Haptik und Textur

Die Oberfläche, das Muster und die Textur einer Blüte oder eines Blattes oder auch des zu kombinierenden Materials, wie Holz oder Stein, beeinflussen unsere Wahrnehmung.

Gerade im Reich der Pflanzen gibt es unterschiedlichste Strukturen und Muster. Man unterscheidet optisch zu erfassende und haptisch zu erfassende Flächenstrukturen. Bei den Materialtexturen spielen Licht und Schatten eine Rolle für die Stärke der Wahrnehmung. Textur meint das textile Erleben der Oberfläche mit Ausprägungen von beispielsweise rau, samtig, glänzend, glatt, gerillt bis behaart. Mit der Kombination von verschiedensten Texturen kann man spannende Arrangements gestalten. Interessante Werkstücke entstehen zum Beispiel mit einer sehr beschränkten Farbwahl, aber mit unterschiedlichsten Texturen.

Bei allen Farbharmonien und Kontrasten ist darauf hinzuweisen, dass nicht nur allein die Blüten Farbe, Muster und Textur bringen. Blätter, Früchte und Fruchtstände, Zweige und Gräser, alle anderen gewählten Zutaten zeigen Farbe, Form und Textur.

Nutzen wir die Vielfalt der natürlichen Bestandteile. Ein Weiß-Grün-Kontrast wirkt umso lebendiger, je mehr grüne Blüten,

Kontraste

Kontrast kommt vom lateinischen *contrarium* und bedeutet Gegenteil. Kontrast ist ein Hauptelement und gestalterisches Mittel, um visuelle Spannung zu erzeugen.

Der Grad der Polarität, also die Ausprägung des Gegensatzes, bestimmt die Wirkung des Kontrasts.

Die Basis bilden Form- und Farbkontrast. Darüber hinaus können wir mit Materialkontrasten (zum Beispiel Metall – Holz), Oberflächenkontrasten (glatt – rau) und Bewegungskontrasten (bewegt – unbewegt) arbeiten.

Blätter und Beeren sowie weiße Fruchtstände, Blüten und Knospen wir verwenden.

Formen

Ein wesentliches Element jeder Gestalt ist die Form.

Wir unterscheiden zwischen einfachen Grundformen und komplizierten Formen: linear, flächig, körperhaft, konstruiert, geometrisch, naturbezogen oder frei. Wichtig ist die Unterscheidung, besser die Entscheidung in der Gestaltung, zwischen Symmetrie und Asymmetrie – beide sind in der Natur selbst zu finden.

Symmetrie leitet sich vom altgriechischen *symmetria* her und bedeutet Ebenmaß. In symmetrischen Gestaltungen werden alle Elemente gleichmäßig um einen festgelegten Punkt oder eine gedachte Achse angeordnet. Die spiegelbildliche Anordnung von Einzelelementen entlang einer vertikalen oder horizontalen Achse wirkt meist statisch. Sie strahlt wie die Geometrie Ordnung, Erhabenheit und Ruhe aus.

Die Asymmetrie verkörpert Natürlichkeit, gestalterische Harmonie und Spannung und wird im Gegensatz zur Symmetrie durch Ungleichmäßigkeit erzeugt. Das Hauptelement verlässt die Mittelachse. Als Gegengewicht wird mit einem oder mit mehreren gleichwertigen, aber nicht gleichen Gegenelementen gearbeitet. Eine asymmetrische Anordnung von Elementen wirkt dynamischer als eine symmetrische Gestaltung.

2 ▾

3 ▾

1 ▸ Neben Farben wirken auch unterschiedliche Oberflächen spannend.

2 ▸ Rau und glatt, schimmernd oder stumpf – der Kontrast ist wichtig.

3 ▸ Anordnung und Form sind ein weiterer wesentlicher Teil interessanter Gestaltungen.

1 ▸

Proportion

Proportion bezeichnet das Größen- oder Maßverhältnis verschiedener Teile zum Ganzen. Proportionsregeln kommen in den verschiedensten Bereichen zur Anwendung: Kunst und Architektur, Grafik und Schriftsatz und viele mehr. In der Antike ging man davon aus, dass in der Natur bestimmte Zahlenverhältnisse vorgegeben wären und dass sich »Schönheit« und »Harmonie« im Einhalten dieser Verhältnisse manifestieren würden.

Die wichtigste Proportionsregel seit dem Altertum und besonders im Umgang mit natürlichen Zutaten ist der Goldene Schnitt. Er ist ein mathematisches, in der Natur selbst vorhandenes Prinzip. Wir berechnen das Verhältnis mathematisch oder wir nähern uns rein gefühlsmäßig. Der Goldene Schnitt vermeidet die Ausgewogenheit einer einfachen Halbierung und die Unausgeglichenheit einer extremen Verschiebung.

Was bedeutet das für uns in der praktischen Arbeit in der Werkstatt?

Jedes Werkstück sollte proportional stimmig gestaltet werden. Beim Strauß ist das Verhältnis von Stielen, Bindestelle und Blumen entscheidend; beim Kranz ist es wichtig, dass der Kranzkörper im Verhältnis zur Öffnung und zur Gesamtgröße passt.

Möchte man das errechnen, geht man von einem Verhältnis von 1:1,6 aus – das meint zum Beispiel 3:5 oder 5:8 und so weiter. In der Anwendung sind die Stiele zur Straußgestaltung diesem Verhältnis angepasst.

2 ▸

Aufbau und Ordnung

Wie ordnet man die Zutaten in der jeweiligen Komposition an?

Eine Reihung sieht eine klare Ordnung vor. Einzelelemente werden gereiht, isoliert und berührungslos gestaltet. Sie wiederholen sich rhythmisch, wobei der Abstand variieren kann. Die Objekte, Gefäße und Zutaten verbinden sich zu einer linearen Form.

Man kann die Zutaten einer Gestaltung im Werkstück gestreut oder gruppiert anordnen. Unter Streuung versteht man die Anordnung der verschiedenen Elemente auf der gesamten Fläche, alle Zutaten kommen überall vor. Es handelt sich um eine gewollt absichtslose Anordnung der Zutaten, sie wirken wie zufällig, fast chaotisch gestreut. Die Streuung der Einzelelemente wirkt durch ihre Unregelmäßigkeit dynamisch.

Bei einer Gruppierung treten die Elemente nur an einer bestimmten beziehungsweise an mehreren bestimmten Punkten der Gestaltung auf. Es werden gestalterische Schwerpunkte gebildet. Einzelne Gruppen an Zutaten sind symmetrisch oder asymmetrisch, jedoch ausgewogen angeordnet. Eine Verdichtung erzeugt noch mehr Spannung. Die Motive befinden sich dann geballt an einer Stelle, wobei die restliche Fläche auffallend leer bleibt.

Je transparenter und luftiger die äußere Hülle des Werkstückes, umso besser und leichter erkennt man die innere Struktur und Staffelung (die Höhenunterschiede) des Aufbaus. Geschlossene Umrissformen lassen nur wenig vom inneren Aufbau erahnen und entfalten ihre Wirkung allein durch Textur.

Die Entscheidung für eine Gestaltungsrichtung muss vor dem Beginn der Arbeit fallen.

Es ist zu entscheiden, welcher Aspekt wichtig ist. Oft wird ein natürlich strukturiertes Werkstück als interessanter empfunden. Es gibt aber auch Werkstücke, die auf keinen Fall strukturiert werden dürfen, zum Beispiel klassische Girlanden, wenn es sich um einen Auftrag für ein Museum oder eine floristische Prüfung handelt. Das würde nicht dem traditionellen strengen Vorbild entsprechen.

Wenn die Gesamtaussage ruhig wirken soll, werden Struktur und Staffelung keine großen Höhen und Tiefen aufweisen. Wenn eine spannende und abwechslungsreiche Gesamtwirkung angestrebt wird, kommen große Kontraste zur Anwendung. Alles kann durch Farbe und Textur noch gesteigert werden.

1 ▸ Die Balance der Gestaltung: Beim Strauß sollte das Verhältnis von Blüten zu Stielen ausgewogen sein.

2 ▸ Eine sorgfältige Staffelung macht selbst in kleinen Gestaltungen viel aus.

WICHTIGE REGELN ZUM GESTALTEN MIT FRISCHEN BLUMEN

- Für alle Arbeiten in der Werkstatt und auch auf dem Blumenfeld sind ein gutes Messer und eine scharfe Schere Voraussetzung. Stumpfes Werkzeug verletzt Stiele, begünstigt Bakterienwachstum sowie Krankheiten und behindert die Wasserversorgung der Blüten und Zweige.
- Blumen dürfen nur in sauberen Gefäßen aufbewahrt und gestaltet werden. Alle Gefäße müssen nach Gebrauch gereinigt werden.
- Alle Stiele immer frisch anschneiden und sofort ins Wasser geben. Je kürzer die frischen Stiele an der Luft sind, umso länger wird die Haltbarkeit der Blumen und der Gestaltungen sein.
- Häufiger Wasserwechsel, kühle Temperaturen und Vermeidung von direktem Sonnenlicht verlängern die Haltbarkeit der Blumen und der Arrangements.

Ausrüstung und Werkzeug

Es ist angebracht, eine gewisse Grundausrüstung zu Hause oder in der Werkstatt zu haben, um spontan mit der gesammelten Beute an Blüten und Zweigen kreativ arbeiten zu können. Man braucht eine Reihe Gefäße, technische Hilfsmittel und Werkzeuge:

- gute, scharfe Scheren und Messer
- Zangen
- Draht in verschiedenen Stärken
- Kranzunterlagen wie Drahtringe und Strohreifen in verschiedenen Größen
- technische Hilfen für eine ausreichende Haltgebung wie Steckigel, Drahtgitter und Klebeband
- Bänder, Bast und Schnüre
- Vasen für Arrangements und Sträuße, Einmachgläser zum Einstellen in nicht wasserdichte Gefäße
- Eimer und Gefäße für die Ernte, Vorbereitung und Versorgung der Blumen
- Papier: Packpapier, Seidenpapier und Papiertüten

1 ▸

2 ▸

3 ▸

1 ▸ Scharfe Messer und Scheren gehören zu den wichtigsten Werkzeugen.

2 ▸ Bast zum Binden

3 ▸ Die Zutaten liegen bereit, jetzt kann die Arbeit losgehen!

Die wichtigsten Werkstücke

Nicht jede Woche findet man jede Zutat im Garten. Nicht jedes Werkstück ist mit jeder Pflanze machbar, passt in jede Umgebung oder ist zu jedem Zeitpunkt sinnvoll. Wichtig sind das eigene Gefühl und der Respekt zusammen mit materialgerechtem Einsatz der Zutaten und natürlich technisch-handwerkliches Wissen und Können.

Die wichtigsten Werkstücke werden im Folgenden ausführlich beschrieben. Die Auswahl bezieht sich auf die Dekoration von Haus und Hof innerhalb eines Jahres. Die vorgestellten Techniken können auch für andere Werkstücke verwendet werden. Kränze binden, ob als Adventskranz, herbstlicher Türkranz oder feines Frühlingskranzerl ins Haar, die Technik des Bindens bleibt dieselbe. Es ändern sich lediglich die Zutaten und die technischen Hilfsmittel.

Der Kranz

Der Kreis gilt als das älteste Symbol der Menschheit. Die Urform, der Ring, dessen Linie ohne Anfang und Ende ist, ist seit Urzeiten das Zeichen der ewig wiederkehrenden Jahreszeiten.

Wie der Kreis galt auch der Kranz als Sinnbild des ewigen Lebens. Als unendliche Linie ist der Kreisring Symbol der Unendlichkeit und zeitlichen Wiederkehr. Historisch war ein Kranz auch gedacht, um ins Haar und ums Haupt gewunden zu werden, um zu bekränzen. So entwickelte sich auch die Bezeichnung für Kranz als eine Art Ring aus *krenzen*, das soviel wie binden, umwinden bedeutet. In der Goldschmiedekunst entstand die Krone nach dem Vorbild der Blumenkränze für das Haupt. Kränze wurden als Kopfkränze gefertigt, um den Betreffenden zu ehren und zu schützen. So sollen bis heute Türkränze rund ums Jahr das Haus schützen und auch schmücken.

VOM
HÜGEL

2 ▲

3 ▲

1–3 ▸ Das ganze Jahr hindurch sind Kränze wichtige Werkstücke in unserer Arbeit. Jeweils aus den verfügbaren Zutaten, vom Blumenfeld, aus Wald und Wiesen, ohne Kränze geht es nicht.

Beim Werkstück Kranz ist die Form der Gestaltung klar. In der Werkstatt wird der Inhalt, wird das gedankliche Projekt handwerklich umgesetzt.

Das Kranzkörperprofil kann unterschiedlich sein. Frei gehängte Kränze werden vollrund gestaltet. Liegende Kränze haben ein dreiviertelrundes Profil, und an der Wand hängende Kränze passen gut halbrund.

Das Verhältnis von Kranzdurchmesser zur Kranzöffnung muss ausgewogen, also in Proportion sein. Je nach Farbe, Material und Verarbeitungsweise kann die Öffnung in Relation zum Durchmesser mithilfe des Goldenen Schnittes, 1:1,6, berechnet werden.

Kränze aus Blüten, Blättern und Samenständen binden, das passt fast immer. Es finden sich für dieses Werkstück ganzjährig gute Kombinationen. Wichtig ist eine klare Entscheidung über Inhalt und Art der Gestaltung. Dann erst werden die Zutaten gewählt.

Wie bei allen Werkstücken sind respektvolles Sammeln und Ernten wie die Vorbereitung sehr wichtig. In einer guten Balance von verzweigten, wuscheligen und einfachen Zutaten entsteht ein harmonisches Ganzes.

Frische und bereits getrocknete Zutaten beim Binden zu mischen, ist ein kleiner Geheimtipp aus unserer Werkstatt. Wichtig dabei ist zu wissen, welche Zutaten im Kranz trocknen und schön aussehen, auch nachdem sie an Volumen verlieren.

4 ▸

Zutaten

Alle pflanzlichen Zutaten, wild, schlicht oder pur, werden in der richtigen Menge, genug, aber nicht zu viel, vorbereitet, geteilt und zerlegt. Hierher gehört das Wissen um das richtige, nachhaltige Zerlegen der Zutaten.

Von der Spitze ausgehend schneiden wir jeweils bis vor die nächste Gabelung des Zweiges. So erhalten wir aus einem Stück möglichst viele Einzelteilchen zum Binden, ohne dass viel Grünkompost entsteht. Richtiges Zerlegen hilft beim sparsamen Einsatz der Zutaten!

Je kleiner die einzelnen Zutaten zerlegt werden, umso genauer und kompakter kann der Kranz werden. Wilde, strahlenförmige Kränze erhält man bei längerstieligen Zutaten.

In der fertigen Gestaltung des Kranzes werden alle Zutaten überall zu finden sein.

Für verschiedene Kränze braucht man unterschiedliche Kranzunterlagen. Alle Unterlagen, ob Stroh-, Draht-, Holzringe oder Naturzutaten wie Reben, Ranken und Zweige, sollten sich nicht verformen. Je dünner die Unterlage selbst ist, desto eher gelingen feine Kränze. Man kann die gewünschte Proportion selbst gestalten. Auch ist der Zutatenbedarf nicht so hoch. Die Menge an benötigten Zutaten steigt bei stärkeren Unterlagen, wie Strohreifen.

Zum Binden eignet sich dünner Wickeldraht (0,35 mm) für feine Gestaltungen, ein etwas festerer Draht (0,60 mm) bei schweren Zutaten wie zum Beispiel bei Nadelzweigen.

5 ▸

6 ▴

7 ▴

8 ▾

4 ▸ Das erste Sträußchen wird am Ring befestigt.

5 ▸ Jedes weitere wird versetzt dazu gestaltet.

6–7 ▸ Zutaten wie Moos erleichtern das Binden und verhindern das Brechen von zu zarten und zu trockenen Stielen.

8 ▸ Bei asymmetrischen Kränzen brauchen wir noch ein gegengleiches Sträußchen für einen schönen Abschluss.

9 ▸ Nicht nur die Vorderseite, auch die Rückseite sollte, zumindest in Grün, gestaltet werden.

Binden Schritt für Schritt

Die Zutaten liegen zerlegt bereit? Dann können wir damit beginnen, unser erstes Sträußchen zu gestalten.

Jedes Sträußchen besteht immer aus etwa 3–4 Einzelzutaten, die gestaffelt, in unterschiedlichen Höhen, zusammengefügt, aber nicht gebunden werden.

Je höher die Staffelung der einzelnen Sträußchen, umso wilder kann der Kranz gelingen.

Möchte man akkurate, kompakte Kränze sind die einzelnen Sträußchen nicht gestaffelt, sondern alle gleich lang.

Wir beginnen innen an der Unterlage mit dem ersten Sträußchen, das dort angebunden wird.

Profi-Tipp beim Binden: Das erste Sträußchen immer etwas länger lassen, um später den Abschluss zu erleichtern!

Beim Kranzprofil ist zu entscheiden, ob der Kranz halbrund oder rund gebunden werden soll. Je nach gewünschtem Profil werden vorne und hinten, außen und innen Sträußchen gestaltet.

Sträußchen für Sträußchen bindet man innen, oben, außen und hinten. Egal, welches Kranzprofil gewählt wird: Man muss aufpassen, dass eine schöne Rückseite ohne nackte Stellen entsteht.

Hat man die gewünschte Stärke und das gewünschte Profil des Kranzes an einer Stelle erreicht, rutscht man mit dem nächsten Sträußchen weiter, damit sich die Sträußchen überlappen. Die vorhergehenden Stiele werden immer mit dem nächsten Sträußchen überdeckt.

Beim Abschluss ist darauf zu achten, dass das Sträußchen vom Anfang schön aufgeklappt werden kann. Die Stiele des letzten Sträußchen werden unter die Blüten des ersten Sträußchens geschoben. Das gelingt gut, wenn die letzten Stiele kurz geschnitten und schön und fest angebunden werden.

Nicht zu früh aufhören mit dem Binden, der Abschluss soll natürlich nicht zu sehen sein. Ein Kranz – auch ein asymmetrischer – soll fließen!

Blumen in der Vase

Das Arrangement, die Komposition, die Anordnung der einzelnen Zutaten und ihre Beziehungen zueinander und zugleich natürlich zu dem gewählten Gefäß zeigen Inhalt, Thema, Epoche und Stil. Jede Gestaltung und das Arrangement im Besonderen leben von einer gewissen Spannung, von Tiefe und Kontrast. Ein schneller Blick soll nicht genügen, das Auge muss auf Wanderschaft geschickt werden. In jeder Zutat und in jedem einzelnen Bestandteil könnte ein neuer Aspekt entdeckt werden.

Das Ziel der Gestaltung ist die perfekte Vereinigung von verschiedensten Zutaten: der Blumen untereinander und auch mit dem Gefäß. Zu schönen Arrangements gehören passende Vasen. Die Möglichkeiten sind fast endlos. Alles, was Wasser hält, kann Gefäß sein. Und selbst wenn ein Gefäß kein Wasser hält, kann es mit einer Schale ergänzt werden und als Vase dienen. Bereits mit der Wahl des Gefäßes bestimmt man den Grundton des Werkstückes.

Je ruhiger die Vasen in den Farben sind, desto leichter ist die Kombination mit den Blüten. Je mehr sie die Farbschönheit der Blumen unterstützen, desto öfter können wir sie verwenden.

Auch die Formenvielfalt von Gefäßen ist beinahe unerschöpflich. Von geometrischen Grundformen bis hin zu organisch bewegten Vasenformen kann man alles wählen. Für einen Bund Blumen oder auch für einen schönen Strauß, spiralförmig gebunden, eignen sich Krüge sehr gut wie auch Vasen, die oben schmaler sind. Flaschen und lange hohe Vasen braucht man für stolze Schönheiten wie Rittersporn und große Zweige. Gestalterisch achtet man auf eine Übereinstimmung der Blüten und Zweige des Arrangements mit dem Material, mit der Beschaffenheit und Farbe des Gefäßes. Dünne, hohe, gerade Vasen eignen sich gut für formale, moderne, reduzierte Gestaltungen. Für überschwängliche Blütenpracht sind bauchige Gefäße mit weiten Rändern ideal. Glasvasen und -flaschen, auch oder gerade alte Gefäße eignen sich zum Beispiel bestens für bunte Wiesensträuße.

Wie auch immer man sich entscheiden mag, eine Vase muss funktionieren. Ein Gefäß muss sicher stehen, seine Form muss das Arrangement oder den Strauß optisch und real halten. Es braucht genügend Fassungsvermögen für Stiele und Wasser und muss in der Beschaffenheit und Farbe die Aussage des Werkstückes unterstreichen.

Das Zusammenspiel von Blumen und Gefäß stellt uns aber vor eine weitere Herausforderung: Möchte man, dass das Arrangement eine bestimmte Form, Größe und Höhe erhält, dass jeder Stiel dort stehen bleibt, wohin man ihn fügt, müssen sich die Stiele an mindestens zwei Punkten stützen oder klemmen, damit sie nicht kippen. Das heißt, wir brauchen Haltgebung.

Die Größe und Form eines Gefäßes, zusammen mit der Formung seiner Öffnung, bestimmen den Gebrauch. Je enger der Hals der Vase, umso leichter kann man eine kleine Auswahl an Blüten arrangieren. Natürlich ist man in der Menge der Zutaten beschränkt

1 ▴

2 ▴

1 ▸ Arbeiten mit einem *Kenzan*, einem Steckigel

2 ▸ Neben der Haltgebung sind saubere Stiele, harmonische Größen und das passende Gefäß wichtig.

3–4 ▸ Vasen und Gefäße halten den Strauß auch optisch.

und kann nur Einzelnes oder Weniges gemeinsam gestalten. Die einfachste Variante eines Arrangements ist, schöne Blüten und Zweige in sauberes Wasser zu stellen. Schlanke Vasen, Flaschen und kleine Gefäße ermöglichen das Stellen ohne zusätzliche Haltgebung. Eine Zutat nach der anderen wird vom Rand beginnend in das vorbereitete Gefäß gegeben. Dabei bieten die ersten Stiele ausreichenden Halt für jeden weiteren eingesetzten Blumenstiel. Dafür eignen sich verzweigte Zutaten besonders gut.

Eine große Öffnung bringt den Vorteil, viele verschiedene Blumen arrangieren zu können. Die Blütenstiele verlieren jedoch ihren Halt. Bei größeren Arrangements oder besonderen Gefäßen und Schalen braucht man also etwas mehr Technik. Wenn man die Blüten, Blätter und Zweige nicht als Strauß zusammenfassen und binden will, sondern sie direkt im Gefäß arrangieren möchte, muss man sich um eine gewisse Haltgebung mit Hilfsmitteln kümmern.

Grundsätzlich müssen alle Steckhilfen, die Halt geben sollen, formstabil sein und auch bei Belastung standhaft bleiben. Sie dürfen nicht ausfärben oder das Wasser auf andere Weise verunreinigen. Bei sichtbarer Verwendung ist auf inhaltliche Stimmigkeit und Ästhetik zu achten. Nachhaltigkeit in der Werkstatt bedeutet hier, besonders sensibel zu agieren.

Kenzan, Steckigel, werden im *Ikebana* verwendet. Möglich sind auch fertige Gitterkörbchen, sogenannte *Flowerfrogs*. Ihr Vorteil: Sie funktionieren in vielen Gefäßen, Vasen und Schalen. Die Blumen bekommen frisches Wasser. Gestalterisch entstehen natürliche, weich fließende Arrangements. Die Steckigel können lange wiederverwendet werden, sind leicht zu reinigen und nicht giftig.

Drahtgitter oder einzelne Drähte oder gummiummantelte Kabel sind eine tolle Alternative. Sie sind auch in großen Mengen günstig, überall leicht erhältlich und gut

3 ◂

4 ◂

zu bearbeiten. Man kann damit in vielen verschiedenen Gefäßen arbeiten und diese leicht und schnell vorbereiten.

Zu einem Knäuel geknautscht und im Gefäß fest platziert sind Drähte besonders benutzerfreundlich und später leicht zu reinigen. Die Arrangements sind transportsicher, die Blumenstiele halten gut ihre Position. Man gestaltet damit freie, lockere Arrangements, die gut im frischen Wasser halten.

Klebebandgitter sind für Glasgefäße oft die beste Wahl. Klebebandstreifen werden kreuzweise über die Öffnung der Vase geklebt. So ist keine Technik sichtbar. Diese Gittertechnik funktioniert bei vielen verschiedenen Behältern, nicht nur bei Glasgefäßen. Im Vergleich zu Draht- oder *Kenzan*-Verwendungen dauert das Vorbereiten zwar etwas länger, aber man bestimmt selbst, wie dicht oder weit die Maschen sein sollen.

Möglich sind auch pflanzliche, organische Steckhilfen. Die verwendeten Materialien dürfen das Wasser aber nicht unansehnlich machen, sie sollen also nicht schneller verrotten als die eingesteckten Blumen. Damit die Stiele sicher in Form halten, ist etwas Zeit und Übung erforderlich. Stielabschnitte und Holz, Äste, gerade und geschlungen (Weiden, Birken), Ranken und Schlinger (Clematis, Hopfen, Efeu) sind geeignet. Aber auch anorganische Materialien wie Steine, Sand, Tongranulat etc. sind denkbar. Diese Technik ist sichtbar und muss sich in die restliche Gestaltung einfügen. Sie verstärkt die Natürlichkeit und unterstreicht den eher rustikalen Charakter des Arrangements.

Dekorationen für Tische

Wie wunderbar ist es, Tisch und Tafel passend zu kulinarischen Köstlichkeiten mit den schönsten jahreszeitlichen Blumen und Zweigen aus dem eigenen Garten zu schmücken – natürlich und giftfrei. Blumen müssen zum Anlass und zum Ort passen. Ein Thema, eine Idee, eine Jahreszeit, meist gibt es einen Anlass für ein Fest. Diesem roten Faden wollen wir in der Gestaltung der Tafel folgen. Ein Arrangement für den Tisch weckt maximales Interesse auf oft minimalem Platz. Die Dekoration auf dem Tisch wird lange angeschaut, auch kleine Details an Farbe und Form werden wahrgenommen. So sind besonders kleine Blüten, die sonst nicht beachtet werden, schön für eine gelungene Tafeldekoration.

Pflanzliche Gestaltungen müssen sich in die Gesamtgestaltung der Einladung einfügen. Dabei sollte man einige Punkte beachten:

- Der Blumenschmuck muss der Situation, dem Anlass, dem Umfeld und dem Essen entsprechen.
- Es soll Raum für Konversation und Platz für alle anderen Bestandteile der Einladung bleiben.
- Die Dekoration entspricht in Größe, Form und Proportion Raum, Tisch und Gedeck. In der Mitte der Tafel wird nicht viel höher als das höchste Glas auf dem Tisch gestaltet.
- Man vermeidet stark duftende Blüten und giftige Zutaten.
- Standfestigkeit und Haltbarkeit – für zumindest einen Abend – müssen gewährleistet sein.

1 ▾

2 ▾

1–2 ▸ Klarglas oder Braunglas – Ensembles aus kleinen Fläschchen zaubern Blumenwiesen-Charme auf unsere Tische.

3–4 ▸ Selbst bei kleinsten Gestaltungen sind Proportion und Staffelung wichtig.

3 ►

4 ►

Ensembles, die aus kleinen Vasen und Fläschchen mit schlanken Hälsen bestehen, passen das ganze Jahr hindurch. Im Frühling gefallen sie mit ersten zarten Frühlingsblumen, im Sommer mit einer bunten Auswahl aus dem Bauerngarten, im Herbst mit Beeren oder interessanten Samenständen, im Winter mit getrockneten Zutaten oder Zweigen.

Schritt für Schritt

Ob einzeln, paarweise oder in Gruppen mit unzähligen Einzelblüten als Tischschmuck fürs Sommerfest, Gestaltungen mit vielen kleinen Gefäßen wirken informell, leicht und locker und sind einfach zu gestalten. Die Anzahl der Gefäße richtet sich nach der Größe des Tisches und dem Volumen der gesamten Dekoration.

Wichtig sind unterschiedliche Höhen, Größen und Formen. Dadurch wird die Gestaltung lebendig, aber dank eines gemeinsamen Themas bleibt die ursprüngliche Idee erkennbar.

Die gewählten Zutaten erklären und ergänzen das gewählte Thema. Pro Gefäß arrangiert man Blüten pur oder kombiniert mit Blättern und Gräsern. Man benötigt keine Haltgebung.

Beim Gestalten achtet man auf eine gute Proportion und auf gleichen Wasserstand in allen Gefäßen. Eine gute Proportion zwischen den Gefäßen und den Blumen heißt, dass die Stiele nicht zu lang und nicht zu kurz sind, man sorgt für ein »sportliches Aussehen«: Ohne Lehnen und ohne Kippen sollen die Blüten flott stehen.

»Die Auswahl der Zutaten bestimmt den Charakter des Straußes.«

Sträuße, Sträuße, Sträuße

Der Strauß ist eine Komposition, er muss immer mehr sein als ein Bund Blumen, mehr als die bloße Summe von Blumen. Vom einfachen Bund oder Bündel unterscheidet sich der Strauß durch die wesentlich weiter gehende Gestaltung und das entsprechende Handwerk.

Als Blumenstrauß versteht man das Blumengebinde mit einer Bindestelle, mobil und gut transportfähig. Im Gegensatz zum Arrangement, das für ein bestimmtes Gefäß gestaltet wird, ist der Strauß sozusagen ein vom Gefäß losgelöstes Werkstück. Beim Strauß werden die Zutaten mit der Hand zusammengefasst, gestaltet und dort mit Bast oder Schnur gebunden. Das Binden ist der entscheidende technische Vorgang.

Das Wort (Blumen-)Strauß kommt vom mittelhochdeutschen *Struz, strotzen* in der Bedeutung von sprießen. So versteht man einen Strauß als ein Werkstück von »strotzender« Fülle. Der Blumenstrauß hat eine lange Tradition und übt auf uns Menschen einen besonderen Reiz aus. Erinnert er uns alle doch an pflückende Kinderhände, die Blumen zum Strauß zusammenfassen und stolz nach Hause tragen.

Bis heute sind Sträuße häufige und wichtige Werkstücke in unserem Kulturraum. Wie gesagt: Ein Strauß soll mehr sein als eine bloße Summe von Blumen. Ein Strauß soll eine stimmungs- und charaktervolle Einheit bilden. Schön, wenn ein Strauß Wahrzeichen einer Landschaft, einer Stimmung oder einer bestimmten Jahreszeit ist, das Gefühl für Wiese oder Wald.

Wie immer ist auch bei diesem Werkstück eine klare gestalterische Entscheidung wichtig. Möchte man rund und kompakt oder wild asymmetrisch arbeiten? Die Umrissformen und der innere Aufbau eines Straußes können, genauso wie bei einem Arrangement, sowohl symmetrisch als auch asymmetrisch sein.

Innerhalb des fertigen Werkstücks gilt: Jedes Element, jede Zutat braucht ausreichend Platz. Eine Blume darf die daneben befindliche nicht quetschen oder beschädigen, jede soll ausreichend für sich wirken und zur Geltung kommen. Auch der leere Platz ist Teil der Gestaltung, naturhafte Bewegungen sollten eingesetzt und gestaltet werden.

Der Strauß bleibt immer ein harmonisches Ineinanderfließen von Farben und Bewegungen. Besondere Charakteristika von

Blumen, Blättern und Zweigen sollten wahrgenommen und entsprechend interpretiert und kombiniert werden. Die unterschiedlichsten gewachsenen Bewegungen, zum Beispiel hängende oder kletternde Pflanzenteile, geben selbst den Hinweis, wie sie einzusetzen sind. Schwingende Rispenformen sollen in ihrem Bewegungsablauf nicht unterbrochen oder aufgehalten werden. Natürliche Stiellängen beachten und nicht zu kurz abschneiden!

1 ▾

Beim Straußbinden sind eine gute Auswahl der Zutaten und die Vorarbeit unentbehrlich.

Für einen schönen vielfältigen Strauß brauchen wir verschieden geformte Zutaten: gerade und hängend, verzweigt und nicht verzweigt, Blüten, Blätter, Gräser und Zweige. Spannung bringt eine Auswahl an Charakterköpfen mit Persönlichkeit, tollen Begleitern, etwas Publikum und dem einen oder anderen Ausreißer. Alle Zutaten sollten ähnliche Stiellängen und etwa die gleiche Haltbarkeit besitzen.

Die Zutaten werden gut versorgt und vorbereitet. Alle Stiele werden von überschüssigen Blättern und Dornen befreit. Im Strauß darf kein Blattwerk in der Bindestelle und unter der Wasseroberfläche sein. Stark verzweigte Zutaten werden geteilt, die Nebentriebe werden extra verwendet. Auch das Material zum Binden, wir empfehlen in Wasser eingeweichten Naturbast, sollte vor Arbeitsbeginn bereitstehen. Wasser und ein Gefäß für den fertigen Strauß ebenfalls.

Zum Start kontrollieren wir, dass alle Zutaten in einwandfreiem Zustand sind.

Kontrolliert werden: Frische, Sauberkeit, Beschädigungen, Reifegrad, ein arttypisch optimaler Entwicklungsstand, die Vielfalt an Formen (verzweigt, unverzweigt, großblütig, kleinblütig, längliche und runde Formen etc.), eine etwa gleichwertige Haltbarkeit, ungefähr gleiche Stiellängen, eine verarbeitungsfertige Vorbereitung – geputzt, sortiert, angeschnitten, überflüssige Blätter und Nebentriebe entfernt, gut gewässert, eventuell Stielenden nachbehandelt (eingeschlitzt, angesengt, abgekocht).

2▲

Dann kann das Binden losgehen! Es manuell zu machen, das Anfassen, ist die wichtigste Voraussetzung, um die richtige Technik, einen Strauß zu binden, zu finden. Die Blumen müssen in die Hand genommen werden. Lebendigkeit und Ausstrahlung erreicht man nur durch das Tun. Lernen heißt hier fühlen und sehen. Das Tun ist wichtiger als das Denken. Erst durch das Ausführen versteht man die Theorie. Die Form des Straußes entsteht ausschließlich in der Hand und wird erst zum Abschluss durchs Binden fixiert. Der Strauß ist, wenn man die Technik beherrscht, schnell zu gestalten. Er gelingt oft schon während des Schneidens im Garten. Man braucht wenig Werkzeug und keine Hilfsmittel außer Bast oder etwas Schnur.

Bei der Bindestelle ist darauf zu achten:

- Der Strauß muss ausreichend fest gebunden sein – die Gestaltung darf nicht zerfallen oder verrutschen.
- Durch das Binden darf kein Stiel gequetscht oder gar geknickt werden.
- Die Bindestelle muss eine ausreichende Breite aufweisen. Sie muss so breit wie nötig, aber so schmal wie möglich sein.
- Sauberkeit ist das oberste Gebot. Die Bindestelle und die Stiele darunter müssen frei von Blättern, Triebresten und Verzweigungen sein. Diese könnten in der Vase faulen.

4 ▸

3 ▾

5 ▾

1 ▸ Sträuße sind in Mitteleuropa wichtige Werkstücke.

2 ▸ Die richtige Auswahl an Zutaten erleichert die anspruchsvolle Technik des Bindens.

3–5 ▸ Bei spiralförmig gebundenen Sträußen präsentieren wir nicht nur die Blüten, sondern auch gerne die Stiele.

Schritt für Schritt
Blumensträuße binden

Start
Gute Vorbereitung ist alles! Mit den richtig geputzten und sortierten Zutaten starten wir.

Bewegung und Haltung ▸ 1
Mit der Schreibhand gestalten wir, mit der anderen Hand halten wir den Strauß beziehungsweise den ersten Stiel.

Mittelpunkt ▸ 2
Beim spiralförmigen Binden eines Straußes beginnt man mit der Straußmitte. Die Mitte bleibt tendenziell der höchste und stabilste Punkt im Strauß.

Linienführung ▸ 3
Man nimmt einen oder mehrere Blütenstiele in die Hand, sie sitzen zwischen Daumen und Zeige- und Mittelfinger. Dabei achtet man bereits zu Beginn auf eine gerade, senkrechte Linie. Der Strauß bleibt immer senkrecht, der Arm waagerecht dazu, und wir selbst bleiben aufrecht!

1 ▾

2 ▾

3 ▾

4 ▴

5 ▴

6 ▴

Anlegerichtung ▸ 4
An der Haltestelle vorne werden jeweils die nächsten Stiele angelegt, immer in derselben Richtung, immer schräg, von innen oben nach außen unten.

Staffelung und Form ▸ 5
Jeder weitere Stiel wird etwas tiefer angelegt. Wichtig ist, dass man jede Blume, die man anlegt, anschaut und möglichst so in den Strauß fügt, wie sie gewachsen ist.

Drehung ▸ 6
Während des Anlegens der Stiele ist es nötig, den Strauß weiterzudrehen. Auf diese Weise entsteht ein Quirl, der immer beibehalten wird, ganz gleich, wie viele Stiele in den Strauß eingefügt werden.

9 ▸

Korrektur ▸ 7
Die Form des Straußes kann man korrigieren, indem man die Blüten nach oben oder nach unten zieht und, wenn es nötig ist, in die richtige Position dreht.

Fertigstellung ▸ 8
Wenn der Strauß die gewünschte Gestalt, das ausreichende Volumen und eine schöne, gleichmäßige Form hat, kann er gebunden werden. Aufrecht stehend! Der Bast wird oberhalb der haltenden Hand um die Stiele gezogen. Bast hält den Strauß in Position, er darf jedoch keine Stiele abquetschen.

Schnitt ▸ 9
Wenn man mit dem Ergebnis zufrieden ist, kürzt man alle Stiele und schneidet nochmals schräg an, um die Wasseraufnahme zu erleichtern. Unbedingt auf die richtige Proportion achten! Sträuße niemals zu kurz abschneiden!

7 ▾

8 ▾

V

Dein eigenes Bio-Schnittblumen-Projekt

Wichtig ist die Erforschung der eigenen Bedürfnisse und Wünsche. Welches Ziel verfolgst du? Balkonkiste, Schnittblumenbeet oder Blumenacker? Möchtest du die private Blumenleidenschaft gemeinsam mit der Familie und mit Freund:innen ausleben und Bekannte mit frischen Blumen beschenken? Oder gar die alte Arbeit aufgeben und in die blühende Branche einsteigen? Alles und noch mehr ist mit einem Blumenprojekt möglich. Macht euch darüber Gedanken, bevor ihr mit dem Umgraben beginnt und die ersten Samen bestellt.

»Je besser du dich kennst, desto einfacher findest du das Blumenprojekt, das wirklich zu dir passt!«

Generell kann man sagen, dass der Anbau biologischer Schnittblumen in unseren deutschsprachigen Ländern noch immer zu wenig bekannt ist. Aber es wird langsam besser. Dazu hat sicher auch die Slowflower-Bewegung maßgeblich beigetragen.

Fragen wie »Woher kommen meine Blumen? Wer baut sie wo und unter welchen Bedingungen für Mensch und Umwelt an?« sind nicht mehr ganz so exotisch wie vor zehn Jahren.

Dank Internet und Plattformen in den Sozialen Medien finden sich unter den Begriffen *#flowerfarm*, *#originmatters*, *#slowflowers*, *#organicflowers* oder *#nofloralfoam* viele engagierte Menschen, die ihre Schnittblumen für sich und ihre Lieben nachhaltig kultivieren. Es besteht ein reger Gedanken- und Ideenaustausch quer über Kontinente hinweg.

Viele Schnittblumengärtner:innen bezeichnen sich selbst nicht nur als *Flower Farmer*, sondern auch als *Farmer Florists*. Sie bauen ihre Zutaten selbst an und gestalten Hochzeiten und kleinere Veranstaltungen mit ihren eigenen Blumen.

Der Traum vom eigenen Schnittblumengarten kann also sehr vielfältig aussehen und es gibt viele Möglichkeiten, geschickt Nischen zu nutzen oder seine eigenen Leidenschaften zu leben.

1–2 ▸ Eine gute Anbauplanung mit Saat- und Pflanzterminen erleichtert die Arbeit über die Jahre.

1 ▾

2 ◂

Anbauplanung

Wohin führt dein Weg?

Die erste Entscheidung, die du treffen solltest, ist die, ob man einen eigenen Bereich für die Schnittblumen anlegen möchte oder ob man bereits vorhandene Beete mit Schnittblumen ergänzen will.

Die Beete im Schnittblumengarten werden, will man große Mengen schneiden, wie im Gemüsegarten begangen und »reife« Bereiche abgeerntet. Schnittblumengärten sehen während ihrer Hochblütezeit wunderbar aus. Das restliche Jahr hindurch sind völlig abgeerntete Bereiche jedoch nicht sehr ansehnlich. Möchte man größere Mengen an Blumen aus dem Garten schneiden, ist das Anlegen eines eigenen Bereiches ausschließlich für Schnittblumen zu empfehlen.

Wichtig und ratsam wäre es, von Anfang an ein ausführliches Gartentagebuch zu führen. Und hier spreche ich aus leidiger Erfahrung, weil ich nicht wirklich ein gut organisierter Typ bin, der gerne alles niederschreibt ... Notizen über Wetter, Aussaattermine und Aussaatmengen, Erntemengen etc. erleichtern in den darauffolgenden Jahren das Arbeiten.

1 ▲

Gartenplanung

Ein Garten wird in vier Dimensionen gebaut: Länge, Breite und Höhe – und in der Profi-Stufe kommt noch der Faktor Zeit hinzu. Es geht weniger um das Layout der Beete, sondern um sinnvolle Arbeitsabläufe, interessante Kulturen, große Mengen, saisonale Auslastung und den optimalen Einsatz vorhandener Maschinen und Arbeitskräfte.

Wichtig ist, die Bedürfnisse und das Wachstumsverhalten der unterschiedlichen Arten und Sorten zu kennen. Einjährige Sorten, Mehrjährige und Bäume – jede Pflanze hat verschiedene Ansprüche und ein individuelles Wachstums- und Blühverhalten und ist unterschiedlich zu beernten und zu schneiden.

Eine gute Anbauplanung ermöglicht eine kontinuierliche Ernte schöner frischer Zutaten über einen möglichst langen Zeitraum. Wir empfehlen, lieber mit wenigen verschiedenen Arten und Sorten und dafür mit jeweils größeren Mengen der einzelnen Pflanzen zu starten.

Für einen großen Strauß braucht man mindestens zehn Stück Blüten der gleichen Sorte und Farbe. Sobald man ein Fest dekorieren möchte oder gar eine Hochzeit, ist man auf eine bestimmte Menge an gleichen Blüten angewiesen, um ein schönes Gesamtbild zu erhalten. Die eigenen Arbeitsschwerpunkte und Wünsche sind entscheidend. Aber auch die Region. Je nach Wetter, Boden und anderen Standortbedingungen sind der Blütezeitpunkt, die Blühdauer und die Produktivität der einzelnen Arten und Sorten verschieden.

Hat man die Frage nach der Arten- und Sortenauswahl beantwortet, geht es darum, den genauen Bedarf an Pflanzen und Saatgut zu bestimmen.

Man beginnt von hinten: Wie viele Stiele sind von einer bestimmten Pflanze zu erwarten? Wie viele zu erntende Stiele pro Sorte werden zu einem bestimmten Zeitpunkt gebraucht? Welche Menge an Pflanzen wird benötigt, und wann werden diese gepflanzt?

Das Geschick für die Planung der Mengen und Zeitpunkte entwickelt sich erst durch die Erfahrung über Jahre. Man kann nicht erwarten, mit einer Pflanzung im Frühling das ganze Jahr hindurch genug Zutaten für das Projekt zu ernten. Man muss in Intervallen neue Kulturen pflanzen und säen. Pflanzt man alles auf einmal im Frühling, sät man alle Samen im März und April, wird man die darauffolgenden Monate mit Jäten und Warten verbringen, nichts vor Juni ernten können und dann in einem Meer von Blüten schwimmen, die nicht alle auf einmal geerntet, verarbeitet und verkauft werden können. Besser ist, man sät entweder direkt oder in Töpfchen jede Woche oder jede zweite oder dritte Woche, abhängig von Art und Sorte. Man pflanzt im Rhythmus von 2–3 Wochen aus, das ist wetterabhängig. Es entsteht keine Blühpause, und man hat ständig Material und frische Blüten zur Verfügung.

So wird uns viel Planungsleistung abverlangt, vergleichbar mit einem großen Gemüsegarten mit unterschiedlichen Sorten. Jeder Satz an Pflanzen wird nur einmal oder nur für eine kurze Periode beerntet und nach der Ernte wieder in den Boden eingearbeitet.

2 ▾

3 ▾

1–3 ▸ Erntetermine, Blühzeitpunkte und Aussaat-Details sollten in Tagebüchern vermerkt werden.

»Bitte immer daran denken: Anbaupläne sind genauso individuell wie wir Menschen mit unseren unterschiedlichen Projekten!«

Auch muss man wissen, dass die meisten Blühpflanzen ihre Blühwilligkeit mit der ersten Produktion von Samen einbüßen. Das bedeutet ständiges Beernten und Ausschneiden der verblühten Pflanzenteile wie das Zurückschneiden. Die Pflanze kann dann keine Samen bilden, treibt neu aus und bildet frische Stiele. Fertig beerntet und beim Nachlassen der Produktivität wird die Pflanze gemäht oder ausgetauscht. Der Beetstreifen wird für eine neue Kultur vorbereitet.

EIN ANBAUPLAN ENTHÄLT:

- deine Auswahl an Blumen, abhängig von deiner Projektidee
- geschätzte Mengen in den jeweiligen Zeiträumen
- Informationen über die Saat- und Erntetermine
- Informationen über die Produktionsmengen von einzelnen Zutaten über die Jahre
- Informationen über die Pflanzabstände
- Beetgrößen

Beispielrechnung in Vorbereitung auf die Ausarbeitung eines Anbauplans:

Wir pflanzen in einem Abstand von 20 cm zwischen den Pflanzen und etwa 30 cm zwischen den Reihen – jeweils versetzt. Zu beachten sind die Ernte- und Pflegewege, die Breiten von Stabilisierungsnetzen und bei verschiedenen Pflanzen die jeweiligen Wuchshöhen.

Unsere Beete haben eine durchschnittliche Länge von 25 m. Die Breite beträgt etwa 1,60 m. Bei Sommerblumen pflanzen wir meist drei Reihen, dann folgt ein Abstand zum Ernten und Fräsen und dann kommen weitere drei Reihen.

Unsere Beete sind als Beispiel 20 Meter lang, haben jeweils drei Reihen mit einem Pflanzabstand von 20 cm – damit haben wir 300 Pflanzen pro Beet.

1 ▴

2 ▴

3 ▸

1 ▸ Gute Planung gewährleistet die produktive Auslastung auch von kleinen Flächen.

2 ▸ Welche Mengen an Pflanzen brauche ich bei welchen Reihenabständen?

3 ▸ Wie viel Saatgut, inklusive Reserve, braucht mein Schnittblumenbeet?

Ab ins Unternehmertum

Jetzt wollt ihr also mehr? Die Freude an Blumen ist unbändig und die Werkstatt ist eingerichtet? Ihr wollt in Zukunft mit dem Anbau und der Verarbeitung von Bio-Schnittblumen Geld verdienen? Neben der Freude an den selbst kultivierten Blumen müssen wir uns um deren Vermarktung kümmern und wir brauchen ein unternehmerisches Einkommen.

1 ◂

Nach der Idee kommt ein Plan. Ein grober Businessplan enthält neben der individuellen Geschäftsidee auch eine Kostenschätzung für Investitionen, einen Marketing- und Vertriebsplan und eine Umsatzschätzung. Es kann – wie bei einem richtigen Businessplan – um genaue mathematische Kalkulationen und Entscheidungen gehen, muss es in einem ersten Schritt jedoch nicht. Ein Plan ist auch eine – vielleicht geschriebene – klare Version, wohin der eigene Weg gehen soll. Was gehört dazu, was nicht? Was möchte man erreichen und wie schauen die Schritte dorthin aus? Sich zumindest das klarzumachen, hilft.

Beratungstermine bei Profis sind hier unerlässlich, je nach Größe des Projekts. Fragen bezüglich Steuer-, Sozial- und Gewerberecht müssen vor dem Start geklärt werden. Aufzeichnungspflichten gegenüber den Sozialversicherungen und dem Finanzamt sowie Umsatzgrenzen, Umsatzsteuer und Einkommenssteuer sind zu beachten. Branchenvertretungen geben Auskunft über Gewerberecht und Gesellschaftsrecht. Über das gültige Baurecht kann die Gemeinde informieren.

Mit dem Start des Unternehmens beginnen eigene Aufzeichnungen: Sorten, Mengen, Aussaat- und Erntetermine, und natürlich darf man auch die Einnahmen- und Ausgabenrechnungen nicht vergessen! Alle Rechnungen und Belege müssen von Beginn an aufbewahrt werden.

2 ▴

1 ▸ Online-Workshops sind eine gute Möglichkeit, mehr Interessierte zu erreichen.

2 ▸ Ich hatte kein Garten-Café geplant. Heute setze ich mich voller Freude selbst auf die Terrasse.

»Slow grow: *Das Tun steht im Vordergrund – der Plan passt sich der Realität an! Oder die Realität dem Plan?*«

Ein Tipp: Nicht gleich zu viel Geld investieren. Wie ein Garten braucht auch ein Unternehmen Zeit zum Wachsen. Mit den Jahren gewinnt man an Erfahrung, setzt eigene Schwerpunkte und weiß, was man braucht.

Ich bin ein Fan von Plänen, aber keiner von rein mathematischen Kalkulationen, bei denen immer die Gefahr besteht, dass sich etwas nicht rechnet und somit gar nicht erst versucht wird. Machbarkeit ist vor allem auch eine Frage des Willens. Einer Leidenschaft zu folgen und hartnäckig dranzubleiben, führt oft zum Erfolg. Keiner kann wissen, was in fünf Jahren da draußen auf uns wartet. Da hilft auch kein noch so guter Plan. Wir müssen flexibel bleiben, manche Sachen weglassen und andere wiederum verstärken. So finden wir Freude daran und auch unsere Kund:innen werden zufrieden sein.

Wert und Preis

Vieles ist geklärt. Die Blumen sind gut gewachsen, die ersten Werkstücke sind gestaltet, aber was ist uns das wert? Was bist du dir wert? Deine Region, die Natur, dein, unser aller Planet? Bevor wir uns dem Thema Kalkulation nähern, möchte ich ein paar weiterführende Gedanken niederschreiben.

Es ist nun einmal so: Wir Blumenfreund:innen und Biolandwirt:innen möchten unsere Erzeugnisse verkaufen, aber da ist mehr. Wir möchten der Gesellschaft auch unsere Ideen und Überzeugungen vermitteln.

Wertschätzen, Rechnen und Kalkulieren, Informieren. Wie entsteht ein Preis? Ein schwieriges Thema. Ich, Margrit De Colle, Soziologin und »erste Bioblumen-Bäuerin Österreichs«, arbeite seit fast 20 Jahren selbstständig, davon fünf Jahre allein. Heute trage ich Verantwortung für 15 Mitarbeiter:innen. Das ist nicht immer leicht. Aber wir sind zuversichtlich, denn ich glaube an das, was ich tue. Und ich glaube an gesellschaftliche Unterstützung meiner, unserer Intentionen.

Also wie entsteht Wert?

Wie entsteht Preis?

Und was ist eigentlich der Unterschied?

Was sagt uns eigentlich der Preis? Ist es das reine Ergebnis einer Kalkulation? Ja, aber auch eine Form der Kommunikation und Information mit gesellschaftlicher und natürlich unternehmerischer Relevanz.

Ein kleiner soziologischer Exkurs sei an dieser Stelle erlaubt. Die Zerlegung der Arbeit in gesellschaftliche und wirtschaftliche Prozesse führt zu Ungleichgewicht. Gerade jetzt fordern Branchenvertreter:innen wie die Landwirtschaftskammer, dass beispielsweise die Apfelbäuerinnen und -bauern zumindest ein Drittel des Endpreises als Gegenleistung für die Produktion erhalten. Das ist im Moment nicht der Fall. (Ur-)Produzent:innen sind kaum Gewinner dieses Systems. Aber vielleicht muss es auch keine Gewinner geben.

Was ich mir wünsche ist Fairness.

Produktion, Verarbeitung und Handwerk, Dienstleistung, Vertrieb und Handel – jeder Teil möchte verdienen. Die Trennung über Länder, Kontinente, Unternehmen hinweg bringt Ungleichgewicht und Erpressbarkeit. Durch Teilung kann geherrscht werden. Vieles kann verschleiert werden, wie soziale Ungerechtigkeit oder diverse Umweltprobleme. Abhängigkeiten entstehen. Wertschätzung geht verloren.

Rechnungen zum Thema Kostenwahrheit der ETÖ (Enkeltaugliches Österreich) belegen, dass die konventionelle Landwirtschaft pro Jahr und Hektar Schaden im Wert von 2000 Euro anrichtet.[5] Wer bezahlt dafür? Wir alle.

Eine Lösung kann ich leider nicht anbieten. Aber eine Idee: Ich plädiere dafür nachzufragen, sich zu interessieren, woher kommen die Produkte, eure Blumen und die Kränze? Wer hat diese Rübe kultiviert und fermentiert? Und beim Einkaufen klug auswählen. Das hilft schon ein bisschen.

Mein Unternehmen sehe ich als ein Modellprojekt, eine Mini-Bioblumen-Welt. Vom Samenkorn bis zum fertigen Strauß in der Vase, auf dem Tisch, im Raum erzählen wir eine Geschichte und lassen euch daran teilhaben. Ich will informieren. Nicht belehren oder missionieren, nur informieren. Und dann muss ich rechnen, aber gesellschaftlich richtig rechnen.

Den »richtigen« Preis für dein Projekt errechnen

Wie finde ich nun den richtigen Preis, welche Kosten muss ich berücksichtigen? Der Preis soll die Kosten decken, soll Gewinn erzielen und soll konkurrenzfähig sein.

Der Erfolg der gesamten Produktpalette, die Abdeckung der Kosten und die Gewinnerzielung hängen von der Rechnung ab und sichern das Projekt langfristig.

Aber der Preis ist auch ein wichtiger Bestandteil des gesamten Marketing-Mixes, wie es so schön in den Fachbüchern heißt. Der Preis transportiert immer eine gewisse Aussage. Wenn wir uns zum Beispiel mit außergewöhnlicher Qualität von der Konkurrenz abheben möchten, sind Dumpingpreise schlecht. Zum einen sollten diese in dem Fall gar nicht möglich sein, weil hohe Qualität sich nun mal in höheren Kosten widerspiegelt, zum anderen sind niedrige Preise aus Konsumentensicht ein Indikator für minderwertige Produkte. Der Preis ist also ein wesentlicher Teil der Unternehmenskommunikation.

Bei der Preisbildung sind zu beachten:

- Zielgruppe und Nachfrage: Wir arbeiten immer im Kundendialog, in Übereinkunft von Käufer:in und Verkäufer:in.
- Was sind die Stärken, was sind die Schwächen? Was ist das Alleinstellungsmerkmal? Was macht wer wo besser?
- Wer ist die Zielgruppe? Zielgruppen- bzw. Kunden-Avatare (fiktive:r »Wunschkund:in« mit spezifischen Werten, Zielen und soziodemografischen, geografischen und Verhaltensmerkmalen) werden identifiziert.
- Wettbewerb und Marktanalyse: Zumindest in der Anfangsphase sehen wir uns die Marktsituation sehr genau an. Welchen Preis verlangt die Konkurrenz? Welchen Umsatz erwirtschaftet die Konkurrenz? Welche Pläne gibt es für die Zukunft?
- Kosten: Welche Kosten fallen wirklich in meinem Projekt an? Es lohnt sich, genügend Zeit zu investieren, um darüber Klarheit zu gewinnen.

Die Kosten

Wie hoch sind die tatsächlichen Kosten? Es geht um die Ermittlung sämtlicher Kosten, die durch die Herstellung und Vermarktung des Produkts entstehen, die sogenannten Selbstkosten des Unternehmens.

BEISPIELKALKULATION SONNENBLUMEN-BEET

PFLANZEN UND MATERIAL

- Beetabmessung: 20 m Länge, 3 Reihen, Pflanzabstand 20 cm, Saatgut für 300 Pflanzen
- In einem Pflanzwürfel sind 3–5 Pflanzen anzustreben, Direktsaat in 77 Topfplatten
- Saatgut: 15,00 Euro
- Erde: 10,00 Euro
- Pflanzequipment: Topfplatten anteilig 5,00 Euro
- Traktor, Geräte etc.: anteilig 40,00 Euro

SUMME DER AUFWENDUNGEN: 70,00 EURO

ARBEITEN

- Aussaat: 30 min
- Vorbereitung Kompost, Urgesteinsmehl, Beet: 45 min
- Planzen: 60 min
- mechanische Hacke: 15 min
- Handhacke: 60 min
- Blumen schneiden: 90 min

5 STUNDEN × STUNDENSATZ VON 25,00 EURO = 125,00 EURO

SUMME GESAMTE SELBSTKOSTEN 195,00 EURO

- erwartetes Ergebnis: 1000 Blütenstiele
- Selbstkosten pro Stiel: rund 0,195 Euro

BEISPIELKALKULATION BLUMENSTRAUSS

PFLANZEN UND MATERIAL

- Bedarf an Stielen: 40 Stiele à 0,20 Euro (kalkulierte Selbstkosten) = 8,00 Euro
- technische Hilfsmittel: Bast, pauschal 1,00 Euro

SUMME SELBSTKOSTEN: 9,00 EURO

KALKULATIONSFAKTOR

Mit einem sogenannten *Kalkulationsfaktor* wird multipliziert. Dieser ergibt sich aus allen anderen nicht direkt dem Produkt selbst zuzurechnenden Gemeinkosten wie Kosten für Administration, Versicherungen, Pacht, Telefon etc.: 9 Euro × 2 (dieser Faktor wird individuell von Projekt zu Projekt verschieden sein) = 18,00 Euro

ARBEITSZEIT

- Das Ernten der Blütenstiele ist im Stielpreis bereits enthalten.
- 15 min putzen, 15 min gestalten und binden

30 MIN × 25,00 EURO/STUNDE = 12,50 EURO

GESAMTSUMME

- Verkaufspreis NETTO: 30,50 Euro
- plus 13 % MWST. (AT): 3,97 Euro
- Verkaufspreis BRUTTO: 34,47 Euro

Und nun stellt sich die Frage: Werde ich den Strauß für diesen Preis in meinem Laden an meine Zielgruppe verkaufen können?

Zu den Selbstkosten gehören: Materialkosten, Fertigungskosten, Entwicklungskosten, Dienstleistungskosten, Verwaltungs- und Vertriebskosten.

Alle Kosten teilen sich in variable und fixe Kosten auf. Während variable Kosten von der produzierten Menge abhängig sind, entstehen Fixkosten auch ohne Produktion, zum Beispiel durch Gehälter, Miete oder Kredite.

Entwicklungs-, Dienstleistungs-, Verwaltungs- und Vertriebskosten, Kredite und Pacht können nicht direkt dem Blütenstiel zugerechnet werden. Zu beachten: Die Kosten sind nicht der Preis!

Mit dem Preis sollen natürlich nicht nur die Kosten gedeckt, sondern bestenfalls auch ein Gewinn erzielt werden. Dafür muss die Gewinnspanne in der Preiskalkulation berücksichtigt werden. Diese soll auch eventuelle Nachfrageschwankungen oder Leerlaufzeiten abdecken oder auch Investitionen für das Unternehmen ermöglichen.

1 ▸ Das Glashaus ist einer der beliebtesten Orte auf unserem Hof, um den Sonnenuntergang zu bewundern.

BEISPIELKALKULATION TROCKENBLUMENKRANZ

PFLANZEN UND MATERIAL

- Bedarf an Stielen: 100 Stiele à 0,20 Euro = 20,00 Euro
- Moos, Heu, Blätter: pauschal 5,00 Euro
- technische Hilfsmittel: Draht, pauschal 1,50 Euro, Strohunterlage 3,50 Euro

SUMME SELBSTKOSTEN: 30,00 EURO
mal *Kalkulationsfaktor* 2: 30,00 Euro × 2 = 60,00 Euro

ARBEITSZEIT

- Das Ernten der Blütenstiele ist im Stielpreis bereits enthalten.
- 15 min sammeln im Wald, 45 min binden

25,00 EURO / STUNDE = 25,00 EURO

GESAMTSUMME

- Verkaufspreis NETTO: 85,00 Euro
- plus 13 % MWSt. (AT): 11,05 Euro
- Verkaufspreis BRUTTO = 96,05 Euro

Wie können wir nun ein Werkstück aus selbst kultivierten Blumen richtig kalkulieren?

Kalkulationen sind oft herausfordernd. Das liegt in der Natur der Sache. Wir müssen bereits unser Rohprodukt selbst kalkulieren. Die Kalkulation kann sich auch jährlich ändern. Wetter- und Unwetterbedingungen, Trockenheit und sonstige Umwelteinflüsse sowie Tierfraß beeinflussen diese.

Nach der Kalkulation ist vor der Kalkulation. Uns muss immer bewusst sein, dass es den für alle gültigen richtigen Preis, selbst bei mathematischer Superkalkulation, nicht gibt.

In jedem Projekt, in jedem Unternehmen wird es höchstwahrscheinlich mehrere Produkte geben. Gleiche Kalkulation, aber mit vielleicht leicht unterschiedlich angepassten Preisen. Das bedeutet, manchmal wird unser Preis sehr knapp kalkuliert sein, manchmal gibt es ein bisschen Spielraum. So gleicht sich die Rechnung im Gesamten hoffentlich aus, und wir können langfristig planen und rechnen.

»Du darfst mitteilen, wer du bist und was du tust!«

Marketing

Ohne Kommunikation und Marketing funktioniert kein Unternehmen! Erzählt, was ihr macht, erzählt, was ihr liebt, ruhig von Anfang an und nicht erst, wenn eurer Meinung nach alles perfekt fertig ist.

Möchte man von seinem Projekt leben, muss man sich mit Marketing auseinandersetzen. Man muss seine Produkte oder Dienstleistungen zum Verkauf anbieten – idealerweise so anbieten, dass die potenziellen Kund:innen dieses Angebot als begehrenswert wahrnehmen. Immer steht die Kommunikation im Vordergrund.

Ich habe bei meinen Beratungen die Erfahrung gemacht, dass vielen Menschen der Begriff Kommunikation besser gefällt als die Begriffe Marketing oder Werbung. Aber immer geht es darum, wertvolle Angebote zu schaffen und darüber zu berichten.

Deine Botschaft muss durch das richtige Medium deine Zielgruppe erreichen. Wir möchten Aufmerksamkeit. Wir überlegen uns, wie und wo wir unsere Kund:innen ansprechen und warum sie sich für unsere Produkte entscheiden. Im Rahmen dieser Kommunikationspolitik bestimmt ihr, wie ihr auf euch und euer Angebot aufmerksam macht.

Tipps:

- Niemand wird Bioblumen ausschließlich aufgrund von Nachhaltigkeit, Ökologie und Regionalität kaufen. Die Qualität und Schönheit der Pflanzen ist die erste Voraussetzung für den Erfolg des Unternehmens.
- Konsequenz und Verlässlichkeit sind die obersten Gebote. Was versprochen wird, muss gehalten werden: Termine und Lieferungen müssen Bestellungen entsprechen, Öffnungszeiten müssen konsequent eingehalten werden.
- Kundenbindung entsteht durch Vertrauen: Im Kundengespräch gibt man Pflegetipps für eine möglichst lange Haltbarkeit, verrät Tricks für eigene Gestaltungen und regt neue Ideen an.
- Möchte man schöne Blumen verkaufen, ist eine schöne Präsentation des Unternehmens unerlässlich.
- Mit Regionalität, Nachhaltigkeit und persönlichem Kontakt zu Kund:innen ist man

immer im Vorteil gegenüber anonymen Industieblumenhändler:innen.

Marketing ist Kommunikation! Mit der Vermarktung tritt das Unternehmen in Kontakt mit den Kund:innen. Nicht nur das Produkt wird präsentiert, sondern auch das Unternehmen und die Person dahinter. Mit dieser Entscheidung macht man sich für die Kund:innen sichtbar. Man ist nicht länger anonyme:r Produzent:in mit austauschbaren Produkten, man präsentiert Persönlichkeit, Geschichte und Inhalt. Und das wird von immer mehr Kund:innen geschätzt.

Erfolgreiche Vermarktung und somit erfolgreicher Verkauf setzen voraus, dass man weiß, wer man ist und was man macht und wie sich das Produkt von anderen Produkten unterscheidet. Das sind Inhalte, die man den Kund:innen mitteilen muss. Möglich ist dies im persönlichen Gespräch, durch unsere Präsentation im Laden oder auf dem Markt oder mithilfe der eigenen Homepage oder sozialen Medien.

Zum passenden Marketing gehört auch eine stimmige Präsentation der Produkte.

Blumen berühren das Herz mit ihrer Schönheit und Vielfalt. Das Produkt Bio-Schnittblumen spricht unseren Sinn für Ästhetik und Echtheit an. So muss auch unser Unternehmen, die Homepage, der Verkaufsladen oder der Marktstand, der ganze Auftritt nach außen schön und stimmig mit unserem Produkt sein.

Farbe, Form und Material der Werkstoffe sind für die Wahrnehmung wichtig.

Sauberkeit und Hygiene werden durch helle Farben, durch glatte Oberflächen und durch sehr gute Beleuchtung unterstrichen.

Auch die Verpackung gehört zum Erscheinungsbild. Wir legen in der Produktion unserer Bioblumen Wert auf Nachhaltigkeit und verwenden deshalb auch am Marktstand und im Hofladen Papier und Holzkisten statt Plastiksackerl.

Menschen lieben Menschen und ihre Geschichten, lieben Persönlichkeit.

Produkte sind austauschbar. Du und deine Story sind das nicht!

1 ▴

2 ▴

1 ▸ Eimerweise Pfingstrosen für Sträuße und Blumendekoration aller Art

2 ▸ Von der Präsentation vor dem Laden über unsere Flyer bis hin zu einem kleinen Schildchen – alles spricht von uns zu den Besucher:innen.

3 ▸ Wenn Kund:innen vor Ort sehen, wie die Werkstücke entstehen, steigt ihre Wertschätzung für das Handwerk.

Vertrieb

Jede:r Unternehmer:in und auch jede:r Landwirt:in muss sich diese Frage stellen: Wie und wo erreiche ich meine Kund:innen, und warum entscheiden sie sich für mein Produkt? Bei der Distributionspolitik geht es darum, was für den Vertrieb eines Produktes oder einer Dienstleistung wichtig ist.

Wie und wo erreichen wir unsere Kund:innen am besten? In welcher Weise verkaufen wir generell: über die Ladentheke, nur online oder auf Messen usw.? Stimmen die gewählten Kanäle mit denen überein, die von der Zielgruppe gewählt werden? Hier geht es darum, auch da zu sein, wo die Kund:innen sich aufhalten und einkaufen.

Traditionell erfolgt der Absatz im Gartenbau wie in der Landwirtschaft über Direktvermarktung, das bedeutet den direkten Verkauf an Endkund:innen und/oder der Absatz geschieht über den Großhandel. Ideal ist eine Kombination von verschiedenen Vertriebswegen, die sich ergänzen. Natürlich ist das wieder eure individuelle Entscheidung. Und wie bei jeder Entscheidung gibt es Vor- und Nachteile.

»Wie kommt das Produkt zu den Kund:innen? Wie kommen die Kund:innen zum Produkt?«

Vermarktung über Partner, Bioladen und Supermarkt

Sobald der Weg der Direktvermarktung verlassen wird, ist es wichtig, im Vorfeld Preise, Lieferkonditionen, Mengen und Verpackungseinheiten zu klären.

Bei professionellem Marketing und entsprechender Lage machen Naturkostläden, Feinkostläden, Bioläden und auch Biosupermärkte gute Erfahrungen mit der Aufnahme von Bioblumen und -pflanzen in ihr Sortiment und erzielen durchaus ausbaufähige Umsätze.

Wichtig sind regelmäßige, qualitativ hochwertige und frische Lieferungen in entsprechender Menge. Regionalität, die ansprechende Präsentation und professionelle Pflege der Blumen sind weiters unerlässlich.

3 ▾

Vermarktung über den Blumeneinzelhandel

Unverständlicherweise haben sich in klassischen Floristik-Fachgeschäften Bioblumen und -pflanzen bis jetzt am wenigsten etabliert. Dabei würden Kund:innen solcher Läden die Herkunft von Schnittblumen aus biologischer Produktion durchaus schätzen und wären auch bereit, dafür etwas höhere Preise zu akzeptieren. Mir scheint, da gibt es Handlungsbedarf.

Vermarktung über den Großhandel

Der Verkauf von Bundware auf dem Großgrünmarkt und/oder an Großhändler ist bisher der typische Vertriebsweg in der Gärtnerei. Verkauft wird unverarbeitete Bundware.

Direktvermarktung

Verkauft man die Produkte direkt, kann man meist einen besseren Preis erzielen und darüber hinaus die Zufriedenheit und Freude der Kund:innen mit unseren Produkten miterleben. Man bekommt ein Gespür dafür, was gefragt ist, und entwickelt vielleicht noch mehr neue Ideen.

Direktvermarktung kann über viele Wege erfolgen, der eigene Marktstand oder der Verkauf ab Hof zählen zu den wichtigsten Vertriebsmöglichkeiten.

Direktvermarktung ist für sehr viele bäuerliche Betriebe ein wichtiges Standbein und bedeutet eine zusätzliche Einkommensquelle. Aus statistischen Untersuchungen wissen wir, dass Regionalität und persönlicher Bezug neben der guten Qualität wichtige Kaufmotive sind.

Immer mehr Kund:innen verbinden mit Regionalität Frische, Saisonalität, Nachhaltigkeit und auch höhere Qualität. Kaufen Kund:innen direkt bei den Produzierenden ein, entstehen persönlicher Kontakt und ein Vertrauensverhältnis, das idealerweise in eine langfristige Kundenbeziehung übergeht. Für Kund:innen ist das ein schönes Erlebnis. Alles Austauschbare und Anonyme ist nicht länger interessant.

Ab Hof

Damit Kund:innen auf die Bauernhöfe kommen, müssen wir sie erreichen und motivieren. Eigene Öffentlichkeitsarbeit ist unbedingt erforderlich. Aktionen wie Führungen, Tage der offenen Tür, Feste und auch spezielle Seminare können helfen, die Aufmerksamkeit der Kund:innen zu wecken. Kommen Kund:innen dann zu uns auf den Hof, machen sie nicht nur einen schönen Ausflug aufs Land, sondern haben sich meistens bereits entschieden, bei uns etwas zu kaufen. Sie sind gut informiert und bereit, unsere Preise zu akzeptieren.

Diese Vermarktungsform erfordert viel Einsatz. Der Betrieb muss gepflegt werden, Schauflächen und Verkaufseinrichtungen wie der Hofladen sind wichtige Präsentationsflächen. Fixe Öffnungszeiten, die konsequent eingehalten werden, sind unbedingt zu empfehlen.

Von Markt bis Messe

Auf dem Bauernmarkt findet man viele verschiedene Stände. Die Menschen treffen sich nicht nur zum Einkauf, sondern auch zum Austausch untereinander. Das Einkaufserlebnis ist ein wichtiges Motiv, sich auf dem Markt zu versorgen. Ein wesentliches Element dabei ist der verlässliche Rhythmus und das Wissen um das vorgefundene Angebot.

Für die Führung eines eigenen Marktstandes sollte man kontaktfreudig sein. Die Menschen wollen etwas über das Produkt und auch über die Produzent:innen erfahren. Durch den Einkauf und durch das Gespräch ergeben sich oft langfristige Kundenbeziehungen und sogar Freundschaften. Auch hier ist eine schöne und inhaltlich stimmige Präsentation der Waren wichtig.

Eine weitere Möglichkeit sind Spezialitätenmärkte, saisonale Feste und Veranstaltungen oder Gartenmessen. Hier steht besonders die gelungene Präsentation des Unternehmens und der Produkte im Vordergrund. Es geht um Auftritt, Öffentlichkeitsarbeit und Kontaktpflege.

Mit großen Umsätzen wird oft nicht zu rechnen sein. Größe und Art des Publikums sind abhängig von der jeweiligen Werbung des Veranstalters und oft auch vom Wetter. Man muss einen großen zeitlichen und personellen Aufwand und oft lange Anfahrts-

wege in Kauf nehmen. Die Veranstaltung findet nur über einen begrenzten Zeitraum hinweg statt. Längere Kundenbeziehungen können nicht aufgebaut werden.

Über das Internet

Beim Online-Versandhandel, heute läuft das meist über Webshops, müssen Chancen und Risiken für das eigene Projekt abgewogen werden. Für einzelne Werkstücke, spezielle Angebote und Produkte kann ein Webshop eine gute Ergänzung zu anderen Vertriebswegen sein. Als sehr gute Startmöglichkeit – um auszuprobieren, ob das mit dem Verpacken und Versenden Sinn macht – gibt es mittlerweile tolle Plattformen wie Etsy, auf denen wir unsere selbst gestalteten Kunstwerke anbieten können. Auch auf Pinterest und Instagram können Links zum eigenen Webshop eingefügt werden.

Jetzt seid ihr dran!

Ich habe nun über viele Jahre alles Mögliche probiert und habe im Jahr 2024 mein eigenes Ladengeschäft in der Stadt als Ergänzung zur Direktvermarktung meiner Landwirtschaft auf dem Land eröffnet.

Und bei meinem nächsten Buch lasse ich euch wissen, wie es gelaufen ist …

Kommt mich doch einmal besuchen und erzählt mir von euren eigenen Erfahrungen!

Anhang

Über die Autorin

Wenn man Margrit De Colle als Kind gefragt hat, was sie einmal werden möchte, war »Blumenpflückerin« die Antwort. Dieser Wunsch ist in Erfüllung gegangen. Sie ist die erste Bioblumen-Bäuerin Österreichs, Unternehmerin, Soziologin und Autorin.

Seit 20 Jahren ist sie selbstständig und leitet mittlerweile mit einem Team von 15 Mitarbeiter:innen das Slowflower-Projekt *Vom Hügel* in der Steiermark.

Verweise

1 ▸ Toumi et al.: Pesticide Residues on Three Cut Flower Species and Potential Exposure of Florists in Belgium. In: International Journal of Environmental Research and Public Health. 2016, 13(10), 943 https://pubmed.ncbi.nlm.nih.gov/27669276/

2 ▸ www.global2000.at/publikationen/blumen-im-pestizid-test

3 ▸ Armelle Munnia et al.: Exposure to agrochemicals and DNA adducts in Western Liguria, Italy. In: Environmental Molecular Mutagenesis 34:52–56, 1999. Claudia Bolognesi: Genotoxicity of pesticides: a review of human biomonitoring studies. In: Mutation Research 06/2003;543(3): 251–72

4 ▸ Nach: Sarah Raven, Grow your own cut flowers

5 ▸ https://www.etoe.at/ist-bio-zu-teuer-oder-koennen-wir-uns-billige-lebensmittel-nicht-mehr-leisten/

Disclaimer

Die Ratschläge und Empfehlungen in diesem Buch wurden von Autorin und Verlag sorgfältig erwogen und nach bestem Wissen und Gewissen geprüft. Verlag und Autorin übernehmen keinerlei Haftung für Personen-, Sach- oder Vermögensschäden.

Register

T

V

W

Z

Weitere Bücher aus dem Haupt Verlag

Slowflower-Bewegung e.V. (Hrsg.)

Slowflower-Bewegung

Nachhaltiger Blumenanbau – Gesichter und Geschichten

20 Pionier:innen der Slowflower-Bewegung im Porträt.

224 S., Hardcover
2022. ISBN 978-3-258-08306-3

C. Remmert, G. Hartung

Slowflowers

Wilde Gärten und ungezähmte Bouquets

Das erste Buch zur Slowflower-Bewegung. Schnittblumen: regional, saisonal, nachhaltig.

224 S., Hardcover
2022. ISBN 978-3-258-08293-6

Ute Studer

Tomatenlust

Die Geheimnisse der Tomatenpioniere – Tipps für den Anbau richtig guter Tomaten

Tomaten sind das Trendgemüse: Tomatenbauern und -züchterinnen empfehlen ihre Lieblingssorten. Dazu Tipps für den Anbau, die Pflege und Vermehrung.

240 S., Hardcover (Halbleinen)
2. Aufl. 2021. ISBN 978-3-258-08236-3

Sigrun Hannemann

Klimastarke Gemüse

Reiche Ernte mit robusten Sorten

So wird der Gemüsegarten klimafit. Von Artischocke bis Zucchini: die besten klimastarken Sorten im Porträt.

224 S., Softcover mit Klappen
2024. ISBN 978-3-258-08352-0

Richard Wymann

Gärtnern mit Sonne, Wind und Wetter

Planung, Anbau und Pflege im Klimawandel

Das gärtnerische Praxisbuch zu Sonne, Wind und Wetter. Alles, was man über die Witterung wissen muss, damit Pflanzen optimal gedeihen.

192 S., Softcover mit Klappen
2023. ISBN 978-3-258-08313-1

Norbert Griebl

Gärtnern im Klimawandel

100 robuste Pflanzen für den langlebigen Garten

So können wir unsere Gärten an den Klimawandel anpassen, sie grüner und artenreicher machen.

224 S., Softcover mit Klappen
2022. ISBN 978-3-258-08276-9

© Shutterstock, Huza Studio

Sie möchten nichts mehr verpassen?

Folgen Sie uns auf unseren Social-Media-Kanälen und bleiben Sie via Newsletter auf dem neuesten Stand.

www.haupt.ch/informiert

1. Auflage: 2025

ISBN 978-3-258-08417-6

Umschlag, Gestaltung und Satz: Kristin Otten, DE-Fehmarn
Fotografien: © Renate Trummer, Fotogenia
Lektorat: Antje Krause, DE-Mühlenbecker Land/Zühlsdorf

Wir drucken mit mineralölfreien Farben und verwenden FSC®-zertifiziertes Papier. FSC® sichert die Nutzung der Wälder gemäß sozialen, ökonomischen und ökologischen Kriterien.

Gedruckt in Slowenien

FSC www.fsc.org
MIX
Papier | Fördert gute Waldnutzung
FSC® C106600

Diese Publikation ist in der Deutschen Nationalbibliografie verzeichnet. Mehr Informationen dazu finden Sie unter http://dnb.dnb.de.

Der Haupt Verlag wird vom Bundesamt für Kultur für die Jahre 2021–2025 unterstützt.

Wir verlegen mit Freude und großem Engagement unsere Bücher. Daher freuen wir uns immer über Anregungen zum Programm und schätzen Hinweise auf Fehler im Buch, sollten uns welche unterlaufen sein.

Haupt Verlag AG
Falkenplatz 14
3012 Bern
SCHWEIZ
herstellung@haupt.ch

www.haupt.ch

Verantwortlich in der EU (GPSR):
Brockhaus Kommissionsgeschäft GmbH
Kreidlerstr. 9
70806 Kornwestheim
DEUTSCHLAND
haupt@brocom.de